普通高等教育"十三五"规划教材

燃烧与阻燃实验

金杨 张军 主编

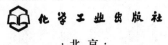

·北京·

本书主要包括燃烧基本原理实验和燃烧特性与阻燃性能评价实验两部分内容。前者包括燃烧基本特性实验、燃烧温度实验、燃烧速度实验、燃烧产物实验；后者包括热分解及燃烧热实验、传统的阻燃测试实验、防护材料的阻燃实验。

本书可供高等院校安全工程、消防工程、材料工程及相关工程专业本科生作为教材使用，同时也可作为从事化学工程、材料科学尤其是高分子科学等专业科学研究人员的参考用书。

图书在版编目（CIP）数据

燃烧与阻燃实验/金杨，张军主编. —北京：化学工业出版社，2017.12

普通高等教育"十三五"规划教材

ISBN 978-7-122-31111-5

Ⅰ.①燃… Ⅱ.①金… ②张… Ⅲ.①燃烧-实验-高等学校-教材 Ⅳ.①O643.2-33

中国版本图书馆 CIP 数据核字（2017）第 297960 号

责任编辑：满悦芝　　　　　　文字编辑：孙凤英
责任校对：王素芹　　　　　　装帧设计：关　飞

出版发行：化学工业出版社（北京市东城区青年湖南街13号　邮政编码100011）
印　　装：北京京华虎彩印刷有限公司
710mm×1000mm　1/16　印张 10½　字数 230 千字
2018 年 3 月北京第 1 版第 1 次印刷

购书咨询：010-64518888（传真：010-64519686）
售后服务：010-64518899
网　　址：http://www.cip.com.cn
凡购买本书，如有缺损质量问题，本社销售中心负责调换。

定　价：38.00 元　　　　　　　　　　　　　　　　　版权所有　违者必究

前 言

安全科学的发展是随着事故的不断发生和人们对事故认识的不断提高而发展起来的。安全生产和安全生活的实现，不仅需要一般的安全工程技术知识、方法和手段，更需要发展安全的科学理论。"无危则安，无缺则全"，即所谓"安全"，但世界上没有绝对的安全，也没有完美无缺的事物。现代生产或生活中，总会遇到各种各样的不安全问题，如危险化学品在生产、经营、储存、运输、使用中，可能因热、机械或静电等作用而着火、爆炸等。因此安全与危险是既对立又统一的一对矛盾体，同时产生、同时消失。对一个系统，没有永远的安全，也没有不变的危险。当系统潜在的危险因素积累到一定的程度或系统受到激发，危险就会转化并导致一系列的意外损失和灾害事件的发生，即产生"事故"。

在各类安全生产事故中，火灾爆炸事故的损失最为惨重，尤其是化工生产导致的燃烧爆炸事故，往往会造成人员伤亡和巨大的经济损失，给社会带来极大危害。因此在安全生产和安全管理中，预防火灾爆炸事故的发生往往都受到企业和安监部门的重点关注，不仅如此，作为安全人才的主要输出单位，各高等院校的安全工程专业也都设置燃烧爆炸理论相关的课程，并多作为必修课程进行重点教学。研究和掌握可燃物的特性，掌握燃烧的基本理论，才能更好地研究火灾安全、防火阻燃及消防灭火技术理论，从而减少火灾和爆炸事故的发生和控制、减缓其发展，让伤亡和损失降至最低。

阻燃科学不仅是材料领域研究的一个方向，也是安全工程领域、火灾科学领域的重要研究方向。新观点、新概念、新方法、新技术的不断涌现，让阻燃这门交叉学科，得到了快速深化和发展。尤其是国家和世界各国对现代科技的新材料和新能源、健康安全和环境保护的高度重视，本质安全的概念逐渐渗透到各个行业和领域。阻燃的目标，即是秉承本质安全，保障日益飞速发展的现代科技朝更有利于人类发展的方向，从源头抓起减少燃烧带来的损失和危害。因此不少以火灾科学、爆炸理论为主要研究方向的院校如中国科技大学、北京理工大学等，都开设了专门的阻燃教学和科研方向，对阻燃学科的重视程度有目共睹。目前化工类院校的安全工程专业如青岛科技大学等也逐步结合专业发展特色开设了阻燃科学相关的课程，形成了阻燃技术与燃烧理论相辅相成，危险与安全联动的特色体系。

本书所用素材部分来自笔者十几年从事燃烧和爆炸理论、阻燃技术及燃烧实验、阻燃实验相关学科的教学、科研积累的经验，部分来自对近年来国内外相关燃烧论文的学习和吸收。书中涉及理论知识和实验测定等参照国家标准及时更新，确保所学知识的实时性和正确性。教材力求通过实验教学直观的特点，正确阐述和深入理解燃烧及阻燃基本理论和基本知识。

国内目前相关实验教材很少，本书旨在为高等院校的安全工程、消防工程、材料工程及相关工程专业本科生，提供燃烧和阻燃较为系统的实验教学用书，同时也可作为从事化学工业、材料科学、高分子科学等专业人员的参考用书。

本书第一章（第一节）、第二章（第一、二、三、五、六节）、第三章（第一、二、四节）、第四章（第一～四节）、第五章（第一、三节）、第七章（第一～三节）、第八章（第一～四节）由青岛科技大学金杨老师编写；第一章（第二节）由青岛科技大学于健高级实验师和高帧瑞老师共同编写；第二章（第四节）、第三章（第三节）、第七章（第四节）由青岛科技大学王勇副教授编写；第五章（第二节）、第六章（第二节）由青岛科技大学张峰副教授编写；第六章（第一、三节）由青岛科技大学张军老师和金杨老师共同编写；全书受到了全国优秀教师张军教授的悉心指点。

由于笔者水平有限，学识、经验不足，书中疏漏和不足之处，恳请同仁和广大读者予以批评指正。

编者
2017 年 11 月于青岛

目录

第一篇　燃烧基本原理实验 / 1

第一章　绪论 2

第一节　燃烧、阻燃与化工安全 2
第二节　火灾阻燃实验室安全管理 8

第二章　燃烧基本特性实验 21

第一节　可燃物燃烧基本特性概述 21
第二节　可燃物燃烧特性实验 31
第三节　可燃固体自燃特性测定实验 34
第四节　可燃液体自燃点测定实验 39
第五节　可燃性混合液体开口杯闪点、燃点测定实验 45
第六节　可燃性混合液体闭口杯闪点测定实验 51

第三章　燃烧温度实验 58

第一节　燃烧温度概述 58
第二节　可燃液体液层温度测量实验 61
第三节　可燃固体点燃温度测定实验 66
第四节　典型聚合物固体内部温度场分析实验 71

第四章　燃烧速度实验 76

第一节　可燃物燃烧速度概述 76
第二节　可燃液体燃烧速度实验 78

第三节　油品热波传播速度实验 …………………………………………… 81
第四节　可燃固体燃烧速度实验 …………………………………………… 86

第五章　燃烧产物实验 …………………………………………………… 92

第一节　燃烧烟气产物分析实验 …………………………………………… 92
第二节　燃烧烟密度实验 …………………………………………………… 97
第三节　受限空间烟气分布模拟实验 ……………………………………… 103

第二篇　燃烧特性与阻燃性能评价实验 / 107

第六章　热分解及燃烧热实验 …………………………………………… 108

第一节　热解、燃烧和阻燃技术概述 ……………………………………… 108
第二节　可燃物热分解过程分析实验——热重分析法 …………………… 114
第三节　可燃物燃烧特性分析实验——锥形量热仪法 …………………… 120

第七章　传统的阻燃测试实验 …………………………………………… 131

第一节　传统阻燃测试实验概述 …………………………………………… 131
第二节　可燃固体材料的氧指数测定实验 ………………………………… 132
第三节　可燃固体材料水平燃烧阻燃特性测试 …………………………… 137
第四节　可燃固体材料垂直燃烧阻燃特性测试 …………………………… 141

第八章　防护材料的阻燃实验 …………………………………………… 146

第一节　建筑材料与阻燃 …………………………………………………… 146
第二节　饰面型防火涂料阻燃特性实验（小室法）……………………… 147
第三节　钢结构防火涂料阻燃特性实验（背温测定）…………………… 151
第四节　阻燃材料阻燃性能实验（45°法）……………………………… 154

参考文献 ……………………………………………………………………… 159

第一篇 >>>
燃烧基本原理实验

第一章 绪 论

第一节 燃烧、阻燃与化工安全

一、燃烧与阻燃的相关定义

《消防词汇 第1部分：通用术语》（GB/T 5907.1—2014）给出了很多与火、燃烧和阻燃相关的定义，部分内容如下：

火（fire）——以释放热量并伴有烟或火焰或两者兼有为特征的燃烧现象。

火灾（fire）——在时间和空间上失去控制的燃烧。

火灾试验（fire test）——为了解和探求火灾的机理、规律、特点、现象、影响和过程等开展的科学试验。

火灾危害（fire hazard）——火灾所造成的不良后果。

火灾危险（fire danger）——火灾危害和火灾风险的统称。

热解（pyrolysis）——物质由于温度升高而发生无氧化作用的不可逆化学分解。

燃烧（combustion）——可燃物与氧化剂作用发生的放热反应，通常伴有火焰、发光和（或）烟气的现象。

燃烧性能（burning behaviour）——在规定条件下，材料或物质的对火反应特性和耐火性能。

烟［气］（smoke）——物质高温分解或燃烧时产生的固体和液体微粒、气体，连同夹带和混入的部分空气形成的气流。

耐火性能（fire resistance）——建筑构件、配件或结构在一定时间内满足标准耐火试验的稳定性、完整性和（或）隔热性的能力。

阻燃处理（fire retardant treatment）——用以提高材料阻燃性的工艺过程。

阻燃性（flame retardance）——材料延迟被引燃或材料抑制、减缓或终止火焰传播的特性。

二、燃烧、阻燃与化工安全的关系

燃烧是自然界神奇的自然现象之一。科学技术的飞速进步促使人类走向生产集中化、大型化、高度自动化、高参数化和综合化的现代化工业大生产。新材料、新能源、新工艺、新装置、新产品也层出不穷，现代工业给人类社会带来巨大便利的同时，也给人类带来了生存危机。现代工业尤其是化工企业，近几年各类特大、重大火灾爆炸事故屡有发生，呈现重大事故频发、同类型燃烧事故反复发生的趋势，天津港"8·12"特别重大火灾爆炸等一次又一次地冲击着享受现代化科技生活的人类内心。燃烧爆炸事故不仅造成大量生命的逝去和家庭的悲痛，还造成了巨大的国家财产损失。石油、化工企业的燃烧爆炸事故所造成的损失约为所有事故损失的50%。现代大型石油化工生产都是集原料加工、中间产品再处理和产品再加工于一体的综合性产业。现代化工业生产过程中，各种具有燃烧、爆炸危险的原材料、产品种类繁多，状态多变，而现代合成工业的发达也使得新材料、新物质和新产品不断扩大危险物料的涵盖范围。绝大多数原材料、中间产物和产品为易燃、易爆、有毒、腐蚀性物质，其燃烧爆炸危险性很高，而不断扩大的新物质的已知和未知的燃烧爆炸危险性，加之工艺过程的综合化导致不安全因素更为繁杂和多样化，使得现代燃烧类型、形式及其理论也更为复杂。全球对环保、低碳、健康、安全等问题的高度关注，也促进了人类对现代职业健康与工艺安全的高要求化。正因为如此，预防与控制燃烧爆炸危害的任务任重而道远。

可燃物按状态可分为气体可燃物、液体可燃物和固体可燃物。其中固态可燃物是种类繁多、结构最为复杂的一类，也是当今科技发展中进展最为迅速的一类可燃物，随着新材料的不断合成和应用，也同时发现了这些材料大多为可燃、易燃物质，构成了现代燃烧爆炸事故中十分复杂的一类火灾类型。

阻燃是预防材料燃烧危害的重要手段之一。随着全世界安全观念的不断增强，人类对生命、健康和安全的要求越来越高，世界各国都在不断研究与燃烧相关的阻燃技术、防火技术和安全设施，其相关的标准也在不断制定和修订中，以引起全世界各国人民对现代燃烧事故的重视，提高各国防治火灾的能力。同时世界各国已经开始应用、推广阻燃材料，并高度重视阻燃材料的开发。预防是根本，阻燃可以从源头抓起，更加体现本质安全。因此燃烧理论、阻燃技术和安全工程在现代化工工业如此发达的今天是密不可分的有机体。

燃烧性能和阻燃性能的评价属于安全评价的范畴，鉴定材料阻燃效果好坏及评价材料燃烧性能不仅在安全工程研究领域、材料研究领域、阻燃材料与阻燃技术研究领域和火灾科学领域等具有重要的研究价值，在实际火灾预防、消防安全、公共安全等领域也具有非常重要的实际应用意义。"燃烧爆炸理论"和"阻燃技术"是安全工程专业非常重要的两门课程，在安全工程系统教学中起到承前启后的作用。燃爆实验和阻燃实验与"燃烧爆炸理论"和"阻燃技术"相辅相成，互相结合，促进教学目的的达成。燃烧学科、阻燃学科与安全工程学科是彼此相互交错的涉及材料领域、火灾科学领域和安全领域的交叉学科，如图1-1所示。

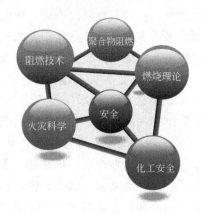

图1-1　燃烧、阻燃和安全关系网

三、现代化工生产过程的特点

1. 原材料及产品种类繁多

现代工业使用的原材料、生产的产品越来越呈现多样化，种类繁多，状态多变，据统计资料表明，石油化工生产过程中涉及的原料、中间产物、产品、辅料等有400万余种，其中绝大多数具有易燃、易爆、有毒有害、刺激性、腐蚀性等特点。例如原油及其产品、各种烃类等基本都是易燃易爆物质，具有较大的燃烧爆炸危险性。生产过程中这些物质作为原料、中间产物或者产品等，可能在气态、液态、固态之间相互转化，不同合成过程，不同生产用途，其状态也不同且呈现多变。加之温度、压力、流量等操控条件的诸多变化，使其生产过程具有较大的燃烧爆炸危险性。

2. 新材料、新产品种类与数量日益增多

现代工业的进步离不开合成工业的发展。很多产品制造所用的传统材料诸如木材、金属等已经被综合性能优异的新型材料如导电高分子、纳米复合材料等所替代，这些新材料和新产品大多来自于化工企业的有机合成等工艺。随着新型分子科学前沿的开发，产学研不断地结合，合成工业的快速发展，燃烧爆炸事故的起因和事故类型也不断复杂化，这都使得物料在生产、储存、运输等方面的燃烧爆炸危险性和安全管理难度进一步增大。

3. 生产装置规模大型化

装置规模大型化，能显著降低单位产品的建设投资和生产成本，提高企业的劳动生产率，降低能耗，提高经济效益。现代石油化工生产企业的显著特点就是物流处理量大、产品产量高、装置规模大型化。很多中小型企业也在不断扩大规模，追求更高的经济效益。但规模越大，储存和生产的危险物料就越多，潜在的燃烧爆炸危险性就越大，一旦发生事故，后果越严重。

4. 生产工艺高度自动化

石油化工生产从原料输入到产品输出具有高度的连续性，前后生产单元之间环环相扣，紧密连接，相互制约，如不预先采取措施，一旦某一环节出现故障往往影响整个生产过程的正常进行。由于装置规模大型化、生产过程连续化、工艺过程复杂以及工艺控制参数要求严格，必然要求现代石油化工生产必须采用自动化程度较高的控制系统。自动化控制可大大节约劳动生产力，提高生产效率以及生产的安全系数，但是自动控制系统和检测仪器仪表维护保养是非常重要的，许多企业在这方面的安全管理不到位，维护保养疏于管理，往往因为误操作、误报警等引起事故甚至导致事故扩大。高度自动化、连续化的生产工艺使事故相互影响，事态加重。

5. 生产过程高参数化，新工艺存在潜在危险

现代化工生产过程为了提高设备效率，产品收益，缩短生产周期，许多生产工艺都会采用高温、高压、高速、低温、低压、临界或超临界状态下进行，工艺参数前后变化大，要求苛刻，生产操作控制较为严格，增大了生产的燃烧爆炸危险性。同时一些新兴产业，由于新产品、新工艺的商业保护性，在设计初期，建设、投产等环节存在安全隐患，与苛刻的参数控制结合在一起，很多潜在的燃烧爆炸危险性还没有被发现，这必将增加系统的潜在危险性。

6. 设备类型多样，动静态并存，电气安全

化工生产过程中运用很多泵（离心泵、旋转泵、水泵、油泵等）、压缩机、风机、真空泵、研磨机、转轴等动态设备，也运用大量的塔、反应釜、压力容器、罐、槽、炉（燃烧炉、蒸汽炉等）、管线等静态设备。不同设备结构不同、功能不同、原理不同，同种设备结构也可能千差万别，产生的燃爆危险性也不同。

7. 生产过程集中化、综合化

现代化工生产企业，集原料加工、中间产物再处理和产品再加工于一体，尤其是石油化工企业，都是期望成为多种产品的大型化、集约化、综合性企业。生产一种产品可以副产多种其他产品，成系列化发展，主产品开发的同时，又需要多种其他原料和中间体配套生产副产品，生产工艺也多种多样。同一种产品的生产往往还可以采用不同原料和不同方法，为了获取更大的经济效益，在新老生产工艺的不同优缺点之间选择，产生共赢的经济效果。例如以乙炔为原料，可以得到合成橡胶、人造树脂、炭黑、丙酮等，这些物质还可以进一步加工成半成品，

企业相比于做原材料的合成产品，再加工的半成品可以获得更大的经济利益。这些工艺的开发和并存，集中化和综合化的特点，必然使整个生产过程的燃烧爆炸危险性呈现多类型、多样化，更为隐蔽。

四、化工生产燃烧爆炸事故特性

现代工业尤其是石油化工企业，因其规模大型化、生产高度自动化、连续化、高参数化、综合化的特点，物料的多样性、复杂性、设备类型繁杂等原因，发生燃烧爆炸事故的基本特性包括以下几方面，如图 1-2 所示。

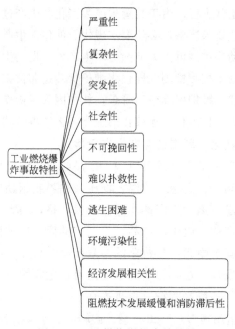

图 1-2　工业燃烧爆炸事故特性

1. 严重性

燃烧引起的火灾事故后果严重，往往造成大量的人员伤亡和严重的财产损失。化工企业发生燃烧爆炸的事故类型，燃烧爆炸危险性较大，因原材料、中间产品和产品的多样性及生产工艺的复杂性、综合性，一旦发生燃烧，控制不力的情况下，往往发生连续性的燃烧爆炸事故，后果特别严重。这几年特大、重大事故类型发生较多，不但造成本企业员工的大量伤亡，还造成周边居民的无辜受害。工业燃烧爆炸事故不仅导致企业正常生产秩序中断、人员大量伤亡、国家财产损失巨大，同时在国内、国际上也会产生恶劣影响。

2. 复杂性

燃烧引起的火灾事故原因复杂，有直接原因，也有间接原因；有人为因素，也有自然因素。可能与火源复杂性有关，明火、反应热、热辐射、高温表面、静电放电、撞击或摩擦、电气火花、雷电和日照等，涉及机械、电气、化学、热、光等多种学科领域的专业知识；也可能与危险化学物品有关，化工原料中包含无机物、有机物、气态、液态、固态的可燃物质等，状态改变，原本不燃烧的物质也可能发生燃烧性质的改变。多种易燃易爆物质，存放在一起，其中一种被引燃，之后的燃烧过程也会随之变得复杂，例如天津港"8·12"特大火灾爆炸事故。而新技术、新材料、新工艺、新产品的不断涌现，其显现的和潜在的燃烧危险性，很多并未现在所知。这些都给事故原因调查带来不少困难。对燃烧理论的深入研究，并据此发展预防、治理技术，必然成为愈来愈突出的问题。

3. 突发性

燃烧引起的事故大多都是人们意想不到的。由于火灾灾害是瞬间完成的连锁反应，虽然存在事故征兆，但目前对火灾和爆炸事故的监测和报警手段的可靠性、实用性和广泛性尚不理想，很多现场操作人员、管理人员包括消防人员等对燃烧特性、火灾事故发生规律及征兆掌握得还不够，以及很多潜在燃烧危险性可能还未被发现，事故的发生必然突然。例如1987年3月15日某亚麻厂特大事故，工作期间突然发生爆炸，原因是除尘布袋内亚麻粉尘达到爆炸极限，疑似静电放电导致，这种潜在危险性预先未知，事发突然。

4. 社会性

现在全球环境的生存危机，使得人们对自身生命的关注不再仅限于自身生存安全，而是上升到关注健康安全等问题上，人们也意识到科技进步带来巨大便利的同时带来的危险和问题也越来越大、越来越多。工业发展和运用是社会性的问题。每一起事故的发生都会引起多方的关注，一起事故多人死亡，在现今社会往往会引起巨大的反响，对社会造成惊恐气氛，引起混乱不安。工业燃爆事故危害的巨大严重性已经得到全社会的关注，已然是一个复杂的社会性问题。

5. 不可挽回性

有些事故灾害发生后，经过修复还可挽回，但燃烧爆炸事故发生后是不能挽回的。燃烧（火灾）是不可逆的连锁化学反应过程。例如，木材燃烧会变成木炭；钢筋结构在火灾条件下会失去强度，退火变形；混凝土在火灾条件下会变质松软，如美国"9·11"恐怖袭击事件中高层建筑的坍塌。生产过程中的各种精密仪器、仪表等设备即便不会被火焰直接烘烤，但受到高温作用和烟气的腐蚀性作用，也会无法恢复原有测量精度而报废。

6. 难以扑救性

石油化工企业发生火灾，复杂多样的原料、各种烃类和合成的中间产品和最终产品，其化学性质活泼，都是易燃易爆的物质，火灾条件下，多种物质共同燃烧，其燃烧速度极快，机理则更为复杂，可能短短几分钟就迅速蔓延，无法控制，绝不仅仅靠水就能简单扑灭的。除此之外，企业生产规模的大型化，多种工艺单元紧密相连，多因素并存，火灾扑救更是极为困难。

7. 逃生困难

现代工业生产集约化、综合化、规模大型化，经济利益的推动和安全设施成本的巨大增加，使得不少企业在安全设施的投入不足，对生产物料、工艺等的燃烧危险性还没有全面掌握的情况下已经投产，并以在较长时间内未发生明显事故为由，忽略对燃烧危险性的进一步评估，这可能在未来发生潜在的危险性较大的燃烧爆炸事故，且一旦发生，现场人员来不及逃生。

8. 环境污染性

当今世界面临的三大难题：能源、人口和环境污染。燃烧产物中存在大量的有毒有害物质，会造成严重的环境污染。例如，1989年青岛市黄岛油库火灾爆炸事故中，原油流入大海，70%的胶州湾水域被油膜覆盖，附近海域的水产养殖损失80%，生态环境遭到破坏。

9. 经济发展相关性

全世界各国的经济发展都在朝着生产集中、人口集中、建筑集中、财富集中的方向发展。经济越发展，火灾后果越严重，原因越复杂。经济的快速发展，给人们的生产生活带来了显著的变化，化工企业的易燃易爆场所增多，规模越来越大，复杂建筑增多，大量新材料、新技术、新工艺、新产品、新能源的采用，随着经济的发展还将更进一步地增加燃烧爆炸事故发生的风险。

10. 阻燃技术发展缓慢和消防滞后性

尽管全世界已经认识到燃烧的巨大危害和社会影响，大力促使阻燃材料、阻燃技术的研究，期望阻燃能在本质安全上起到一定的作用，但相对于现代科技带来的燃烧新类型的复杂而言，阻燃材料和阻燃技术的发展显得较为缓慢，很多还停留在理论阶段，未能进入应用领域而产业化。消防发展也略显滞后，灭火技术和措施还需根据燃烧事故的新特点而不断改进，消防人员对燃烧规律的知识掌握还很基础，需进一步学习。阻燃和消防都正在随着经济发展的需要而从被动转为主动。

第二节 火灾阻燃实验室安全管理

火灾阻燃实验室主要承担的实验内容有：可燃物如危险化学品燃烧相关实验、可燃物燃烧基本特性实验、可燃物燃烧温度测量实验、燃烧产物测量实验、燃烧速度测量实验、传统对火反应燃烧与阻燃实验、性能化对火实验及建筑材料对火阻燃实验等，每项实验都设有多个子实验项目，涉及的专业范围宽泛，需用的实验仪器、设施以及实验耗材等类型繁杂。因此，对实验仪器设施的安全规范与管理，以及实验室规章制度的了解与遵守至关重要。

一、火灾阻燃实验室室内基本设施与功能

1. 室内基本设施

火灾阻燃实验室是由多个房间，按照不同的实验项目要求规划、设计组成。尽管各个实验项目的实验内容、操作要求不同，但是其室内设施的布置、基本设施和操作要求却大致相同，如水、电、通风、防火、疏散、仪器设施摆放、操作人员的位置与距离等，如图1-3所示。

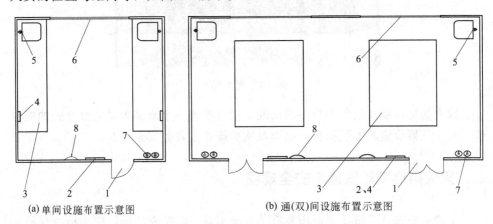

图1-3 实验室室内基本结构平面示意图
1—外开门；2—通电总开关；3—实验台；4—通电分开关；5—上下水；
6—窗；7—灭火器；8—通风开关

2. 设施的布置与功能简介

（1）实验室内的实验台、仪器设施的摆放　不仅要考虑安装方便、易于操作，而且更要从人身和环境安全的角度来考虑操作与使用。例如，室内实验台的布置，不仅要考虑仪器、器具的放置、接电、接水、操作等方便事项，还应考虑到操作人员之间的相互位置、间隔距离、人员走动是否畅通、应急情况出现时疏散迅速等要求。

（2）防火器具的摆放　灭火器、灭火沙箱与铁锹，都是火灾阻燃实验室内必备的防火灭火器具。通常是摆放在人们容易看到的门口旁边，或有易于着火隐患且不影响人员走动的位置。这样便于出现突发状况时，操作人员的第一反应首先想到在该位置能尽快拿到灭火设施，及时而迅速地进行处理。铁锹应该挂放在沙箱上方，便于操作人员快速拿取的位置。若在实验室地面上，由油液引起的火焰，应采用灭火沙箱内的沙子灭火，尽量避免使用灭火器，由于使用灭火器时，喷射出的气流致使带火的油液发生四处迸溅现象。

(3) 通电开关与通风开关的位置　通电总开关常规要求是安装在房间进门旁边的配电箱里，使人们形成一种常态意识，便于在出现应急情况时，操作人员毫不犹豫地直接跑到配电箱处，及时按下开关按钮，有效减缓或阻滞事态的恶化发展。通电开关在配电箱内的安装分布状态，如图1-4所示。

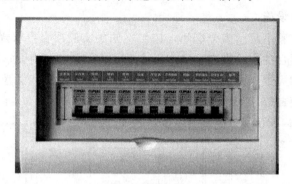

图1-4　配电箱

较大的房间或安装仪器较多的房间，应再设置一个或多个通电分开关的配电箱，便于仪器设施的安装操作控制以及实验操作过程的安全控制。

二、火灾阻燃实验室通用安全规程

实验前应充分了解实验内容及有关安全事项。实验开始前，应先检查仪器是否完整、放妥、接电是否规范。实验时不得随意离开，必须时常注意观察仪器设备的工作情况，项目实验过程的反应与变化，注意观察压力容器有否漏气以及表压是否稳定。实验完毕要确保火焰彻底熄灭，关好各处水、电、气开关。操作中如有自燃、易燃物品，附近应设灭火用具和急救箱。

1. 实验室防火安全要求

(1) 仪器、电器设备类　实验室中常有相当多的实验仪器设施、电器设备、仪器仪表、化学危险品、空调机、电炉、高温炉、电烘箱、通风装置等。由于用火、用电和对化学危险品的使用管理不当，容易引起火灾事故。对此特规定出一些通常使用的安全要求：

① 使用的电炉必须确定位置，定点使用，周围严禁有易燃物品。

② 通风管道的保温层应使用非燃烧体或难燃烧体的材料。

③ 若使用易燃易爆化学危险品时，应随用随领，不宜在实验室现场存放；零星备用化学危险品，应由专人负责，存放铁柜中。

④ 使用电烙铁应放在不燃支架上，周围不要堆放可燃物，用后立即拔下电插头。下班时将电源切断。

⑤ 有变压器、电感应圈的设备，应安置在不燃的基座上，其散热孔不应覆

盖或放置易燃物。

⑥ 仪器设施其标称的额定负荷用电量，不应超过室内电源总电量的50%。

⑦ 各种气体钢瓶要远离火源，并应置于阴凉和空气流通的地方。

⑧ 室内设置必要的灭火器材，如灭火器、沙箱、防火毯等。

⑨ 其他要求，详见 GB 4793.1—2007《测量、控制和实验室用电气设备的安全要求 第1部分：通用要求》。

(2) 化工化学品安全类　化工化学品安全实验室的特点是：化学物品繁多，其中多数是易燃、易爆物品。同时在实验室中常进行蒸馏、回流、萃取、电解等操作，用火、用电也比较多，一旦使用不慎，很易发生火灾。特别是学生做实验时，更易发生事故。对安全方面的要求和应知如下：

① 化工化学实验室应为一、二级耐火等级的建筑。有易燃、易爆可燃气体散逸的房间，电气设备应符合防爆要求。

② 实验室的安全疏散门不应少于两个，且都设置为外开向。

③ 实验剩余或常用的小量易燃化学品，总量应不超过国家规定的限量，并应放在铁柜中，由专人保管。

④ 禁止使用没有绝缘隔热底座的电热仪器。

⑤ 在日光照射的房间必须备有窗帘，并在日光照射到的地方，不应放置怕光的或遇热能分解燃烧的物品，也不能存放遇热易蒸发的物品。

⑥ 进行性质不明或未知物料的实验，尽量先从最小量开始，同时要采取安全措施，做好灭火准备。

⑦ 在实验进程中，利用可燃气体作燃料时，其设备的安装和使用都应符合有关规定。

⑧ 任何化学物品一经加进容器后，必须立即贴上标签；若发现异常或疑问，应询问有关人员或进行验证，不得随意乱丢乱放。

⑨ 在实验台上，不应放置与实验工作无关的化学物品，尤其不能放置盛有浓酸或易燃、易爆的物品。

2. 电气防爆安全要求

(1) 爆炸危险场所使用的防爆电气设备一般规定　爆炸危险场所使用的防爆电气设备，在运行过程中，必须具备不引燃周围爆炸性混合物的性能。

① 满足上述要求的电气设备可根据使用的环境与要求，选用隔爆型、增安型、本质安全型、正压型、充油型、充砂型、无火花型、防爆特殊型和粉尘防爆型等类型电气设备。

② 爆炸危险场所所用的防爆电气设备，必须经国家劳动人事部门指定的鉴定单位检验合格后，方准生产和使用。这一点实验室必须予以检查与注意。

(2) 各种防爆型电气设备的基本要求

① 隔爆型电气设备：具有隔爆外壳的电气设备，是指把能点燃爆炸性混合

物的部件封闭在一个外壳内，该外壳能承受内部爆炸性混合物的爆炸压力并阻止向周围的爆炸性混合物传爆的电气设备。

② 增安型电气设备：正常运行条件下，不会产生点燃爆炸性混合物的火花或危险温度，并在结构上采取措施，提高其安全程度，以避免在正常和规定过载条件下出现点燃现象的电气设备。

③ 本质安全型电气设备：在正常运行或在标准实验条件下所产生的火花或热效应均不能点燃爆炸性混合物的电气设备。

④ 正压型电气设备：具有保护外壳，且壳内充有保护气体，其压力保持高于周围爆炸性混合物气体的压力，以避免外部爆炸性混合物进入外壳内部的电气设备。

⑤ 充油型电气设备：全部或某些带电部件浸在油中使之不能点燃油面以上或外壳周围的爆炸性混合物的电气设备。

⑥ 充砂型电气设备：外壳内充填细颗粒材料，以便在规定使用条件下，外壳内产生的电弧、火焰传播，壳壁或颗粒材料表面前过热温度均不能够点燃周围的爆炸性混合物的电气设备。

⑦ 无火花型电气设备：在正常运行条件下不产生电弧或火花，也不产生能够点燃周围爆炸性混合物的高温表面或灼热点，且一般不会发生有点燃作用的故障的电气设备。

⑧ 防爆特殊型电气设备：电气设备或部件采用 GB 3836—2010 未包括的防爆型式时，由主管部门制定暂行规定。送劳动人事部备案，并经指定的鉴定单位鉴定后，按特殊电气设备"s"型处置。

⑨ 粉尘防爆型电气设备：为防止爆炸粉尘进入设备内部，外壳的接合面应紧固严密，并必须加密封垫圈、转动轴与轴孔间要加防尘密封。粉尘沉积有增温引燃作用，要求设备的外壳表面光滑、无裂缝、无凹坑或沟槽，并具有足够的强度。

（3）电气线路的接地保护

① 在低压中性点不接地电路中，必须装设一相接地或漏电时能迅速动作的接地自动切断装置或接地自动报警装置。

② 在低压中性点接地电路中，必须装设单相接地时能迅速动作的接地自动切断装置。

③ 在高压电路中，必须装设单相接地时能立即动作的接地自动切断装置或绝缘监视装置，

（4）非带电裸露金属部分的保护接地

① 设置在爆炸危险场所的电气设备（包括移动设备）的金属外壳、金属机架、金属电线及其配件、电缆保护管、电缆的金属护套等非带电裸露金属部分均应接地。

② 应该接地的部件与接地干线相连的接地线宜使用多股软绞线，其截面应不小于相线截面的 1/3，且其最小截面铜线不得小于 4mm^2，钢线不小于 6mm^2。易受机械损伤的部位应装设保护管。

③ 在低压中性点不接地系统中，不带电的裸露金属部分除应分别单独接入接地干线外，禁止串联连接，还应与设备附近的局部接地体相连。

④ 在中性点接地的低压电路中，保护接地干线应与中性点连接成一体。

⑤ 在爆炸危险场所中接地干线（网）应在不同方向与接地体相连，连接处不得少于两处。

⑥ 输送爆炸危险物质的金属管道，不得作为保护接地线。

⑦ 电气线路中的工作零线不得作为保护接地线用。

⑧ 电气设备及灯具的专用接地或接零保护线应单独与接地干线（网）相连接。

(5) 防雷的接地

① 生产或储存爆炸危险物质的建筑物、构筑物、露天装置、储藏罐和金属管道等，应采取防止直接雷击、雷电感应和雷电波侵入而产生电火花引起爆炸的接地措施。

② 建筑物或构筑物内的金属物体（如设备、管道等）均应做防止雷电感应和雷电波侵入的接地措施。

③ 引入爆炸危险场所的电缆金属外皮应接地，电缆与架空线连接处应设置适当的避雷器，并采取接地措施。

④ 引入爆炸危险场所的架空管线，必须接地或多点重复接地。

(6) 防静电的接地。 在爆炸危险场所中，凡生产、储存、输送物料过程中有可能产生静电的管道，送引风道设备均应接地。

(7) 接地电阻值的规定

① 实验室内大型精密测量仪器，如电子计算机的接地电阻值<4Ω。

② 其他实验仪器设施的防雷保护接地，其接地电阻值不大于 10 Ω。

③ 防静电保护接地，其接地电阻值一般不大于 100 Ω。

(8) 防爆电气设备的使用注意事项

① 防爆电气设备应由经过培训考核合格人员操作、使用和维护保养。

② 防爆电气设备应按制造厂规定的使用技术条件运行。

③ 设备上的保护、闭锁、监视、指示装置等不得任意拆除，应保持其完整、灵敏和可靠性。

④ 在爆炸危险场所维护检查设备时，严禁解除保护联锁和信号装置；故障停电后未查清原因前禁止强送电、严禁带电对接地线（明火 对接）和使用能产生冲击火花的工器具。清理具有易燃易爆物质的设备的内部必须切断电源，并挂警告牌；向具有易燃易爆物质的设备内部送电前，必须检测内部及环境的爆炸性

混合物的浓度，确认安全后方准送电。

⑤ 新设备在安装前宜解体检查，符合规定要求后方可投入运行。

3. 易燃物品存储要求

（1）库房条件　储藏易燃物品的库房，应冬暖夏凉、干燥、易于通风、密封和避光。

根据各类商品的不同性质、库房条件、灭火方法等进行严格的分区分类，分库存放。

① 低、中闪点液体、一级易燃固体、自燃物品、压缩气体和液化气体类宜储藏于一级耐火建筑的库房内。

② 遇湿易燃物品、氧化剂和有机过氧化物可储藏于一、二级耐火建筑的库房内。

③ 二级易燃固体、高闪点液体可储藏于耐火等级不低于三级的库房内。

（2）安全条件

① 易燃物品避免阳光直射，远离火源、热源、电源，无产生火花的条件。

② 压缩气体和液化气体：易燃气体、不燃气体和有毒气体分别专库储藏。

③ 易燃液体均可同库储藏；但甲醇、乙醇、丙酮等应专库储存。

④ 易燃固体可同库储藏；但发乳剂 H 与酸或酸性物品分别储藏；硝酸纤维素酯、安全火柴、红磷及硫化磷、铝粉等金属粉类应分别储藏。

⑤ 氧化剂和有机过氧化物一、二级无机氧化剂与一、二级有机氧化剂必须分别储藏，但硝酸铵、氯酸盐类、高锰酸盐、亚硝酸盐、过氧化钠、过氧化氢等必须分别专库储藏。

（3）环境卫生条件

① 库房周围无杂草和易燃物。

② 库房内经常打扫，地面无漏撒商品，保持地面与货垛清洁卫生。

4. 易燃液体操作的安全事项

（1）易燃液体在常温时有较高蒸气压，易形成爆炸性混合气体，又因蒸气大多重于空气，可沿桌面、地面流散或积聚低处，遇有火源，极易燃烧或爆炸，故应注意安全：

① 操作、倾倒易燃液体，应远离火源，危险性大时，应在通风柜内进行。瓶塞打不开时，不可用火加热或贸然敲击。

② 勿置广口容器（如烧杯等）内直接用明火加热。

③ 必须用适当的液浴加热，加热容器不得密闭，以防爆炸。如附近有露置的易燃溶剂，未经移去，切勿点火。

④ 启开试剂瓶时，瓶口不得对向人体（本人、他人），如室温过高，应先将瓶体冷却。开启安瓿应用布包裹。

⑤ 设置专用储器收集废液，不得弃入废物缸或下水道，以免引起燃爆事故。

如有溅散，应即用纸巾吸除，并做恰当处理。

（2）操作易燃液体、可燃气体的实验室，通风应好，严禁明火，并应避免产生电火花（如鞋钉摩擦、撞击等）。电气开关、插座均应密封。使用防爆电器。金属容器外壳应接地。避免易燃液体外溅。设置泡沫、干粉或二氧化碳灭火器，防火毯，石棉布。

三、火灾实验室安全操作规程

（一）用电设备安全操作

（1）使用动力电源时，应先检查电源开关、电机和设备各部分是否良好，供电电压与电气设备额定电压是否相同，绝缘导线是否有破损，是否有裸露的电线头等。如有故障，应先排除后方可接通电源。

（2）启动或关闭用电设备电源时，必须将电源开关迅速推至闭合或断开位置，防止因刀口接触不良而产生电弧火花。

（3）用电设备启动后，应检查各种电气仪表工作状态，待电表指针稳定和正常后，方可开始操作。操作过程中不要用手触及电机、变压器、控制板等可能带电的设备部分。

（4）使用电子仪器设备时，应先了解其性能，按作业规程操作，若电器设备出现过热现象或有焦煳味时，应立即切断电源。电气设备严禁超负荷运行，对接头出现氧化或产生焦痕的电线应及时更换。

（5）实验过程中出现跳闸必须查明原因，严禁强行送电。出现保险丝熔断，应先关掉设备电源，排除故障后按原负荷选用适宜的保险丝进行更换，不得随意加大或用其他金属导线代替。

（6）要警惕实验室内发生电火花或静电，尤其在使用可能形成爆炸混合物的可燃性气体时，更需注意。

（7）注意保持电线和用电设备的干燥，防止线路和设备受潮漏电。对应该连接接地线的设备，要妥善接地。接地电阻不得大于有关规定，严禁借用避雷器线等作接地线，以防止触电事故。

（8）使用高压动力电源时，应遵守安全规定，穿戴好绝缘胶鞋、手套，或使用安全杆操作。

（9）遇到停电情况时，要切断电源开关，尤其要注意切断加热电器设备的电源开关，以防止在无人或下班后来电时造成事故。

（10）没有掌握电器安全操作的人员不得擅自更动电器设施，或随意拆修电器设备。

（11）实验时先接好线路，再插上电源，实验结束后则必须先切断电源，再拆卸线路。

（二）消防灭火安全操作

（1）以防为主，杜绝火灾隐患，遵守各种防火规定。掌握各类有关易燃易爆物品安全使用常识及消防知识。了解实验室内水、电、气的阀门、闸刀和灭火器材的位置以及安全出口等。

（2）在实验室内、过道等处，必须常备适宜的灭火材料，如消防砂、石棉布、毯子及各类灭火器材等。消防砂要保持干燥。

（3）电线及电器设备起火时，必须先切断总电源开关，再用四氯化碳等灭火器灭火，并及时通知供电部门。不许用水或泡沫灭火器扑救燃烧的电线、电器。

（4）衣服着火时，立即用毯子之类物品蒙盖在着火者身上灭火，必要时也可用水扑灭。要保持冷静，切忌慌张盲目跑动，避免使气流流向燃烧的衣服，导致火势扩大。

（5）实验过程中小范围起火时，应立即用湿抹布等覆盖明火；易燃液体（多为有机物）着火时，不可用水灭火。范围较大的火情，应立即用消防砂、泡沫灭火器或干粉灭火器扑救。精密仪器起火，应使用四氯化碳灭火器。

（6）实验室起火时，应尽快将实验过程的各个系统隔开，以避免造成更大的险情。

（三）有毒物品及化学药剂安全操作

（1）一切有毒物品及化学药剂，要严格按类存放保管、发放、使用，剩余有毒物品及化学药剂严禁随意存放在实验室里，必须送回药品仓库或由专人加锁保管。

（2）在实验中尽量采用无毒或少毒物质来代替毒物，或采用较好的实验方案、设施、工艺来减少或避免在实验过程中有毒物质扩散。

（3）实验室应安装通风排毒用的通风橱，在使用大量易挥发毒物的实验室应安装排风扇等强化通风设备。必要时也可用真空泵、水泵连接在发生器上，构成封闭实验系统，减少易挥发毒物的逸出。

（4）在实验室无通风橱或通风不良，实验过程又有大量有毒物逸出时，实验人员应按规定分类使用防毒口罩或防毒面具，不能掉以轻心。

（5）养成良好的个人防护习惯。严禁在实验室内饮食、吸烟或存放食物。在不能确保无毒的环境下工作时应穿戴防护服。实验完毕需及时洗手。

（四）易燃气体安全操作

（1）经常检查连接易燃气体管道、接头、开关及器具是否存在泄漏。实验室内应设置检测、报警装置。

（2）在使用易燃气体或在有易燃气管道、器具的实验室，应经常开窗保持通风。在易燃气存放处附近，严禁放置易燃易爆物品。

（3）当发现实验室里有可燃气泄漏时，应立即停止使用，撤离人员并迅速打开门窗或抽风机,检查泄漏处并及时修理。在未完全排除前,不准点火,也不得接通电源。

(4)进行易燃气体泄漏检查时,应先开窗、通风,待室内置换新鲜空气后进行。可用肥皂水或洗涤剂涂于接头连接处或可疑处,也可用气敏测漏仪等设备进行检查,严禁用火试漏。

(5)如果由于易燃气管道或开关装配不严,引起着火时,应立即关闭通向漏气处的开关或阀门,切断气源,然后用湿抹布或石棉纸覆盖火焰处,使火焰窒息。

(6)下班或人员离开使用易燃气的实验室前,应注意检查使用过的易燃气器具是否完全关闭或熄灭,以防内燃。室内无人时,禁止使用易燃气及相关设施。

(五)高压气瓶安全操作

1. 高压气瓶的搬运、存放和充装应注意事项

(1)在搬动存放气瓶时,应装上防震垫圈,旋紧安全帽,以保护开关阀,尽量减少碰撞。

(2)搬运充装有气体的气瓶时,最好用特制的小推车,也可以用手平抬或垂直转动。但绝不允许手执开关阀移动。

(3)充装有气体的气瓶装车运输时,应妥善加以固定,避免途中滚动碰撞;装卸车时应轻抬轻放,禁止采用抛丢、下滑或其他易引起撞击的方法。

(4)充装有互相接触后可引起燃烧、爆炸气体的气瓶(如氢气瓶与氧气瓶)时,不能同车搬运或同存一处,也不能与其他易燃易爆物品混合存放。

(5)各种气瓶必须定期进行技术检查。气瓶瓶体有缺陷、安全附件不全或已损坏、不能保证安全使用的,切不可再送去充装气体,应送交有关单位检查合格后方可使用。如在使用中发现有严重腐蚀或严重损伤的,应提前进行检验。

2. 一般高压气瓶使用原则

(1)高压气瓶必须分类分处保管,直立放置时要固定稳妥。气瓶要远离热源,避免曝晒和强烈振动。一般实验室内存放气瓶量不得超过两瓶。

① 在钢瓶肩部,用钢印打出下述标记:制造厂制造日期、气瓶型号、工作压力、气压实验压力、气压实验日期及下次送验日期、气体容积、气瓶重量等。

② 为了避免各种钢瓶使用时发生混淆,常将钢瓶身漆上不同颜色,写明瓶内气体名称。如表1-1所示。

表1-1 气体钢瓶标志

气体类别	瓶身颜色	字样	标字颜色
氮气	黑	氮	黄
氧气	天蓝	氧	黑

续表

气体类别	瓶身颜色	字样	标字颜色
氢气	深绿	氢	红
压缩空气	黑	压缩空气	白
液氨	黄	氨	黑
二氧化碳	黑	二氧化碳	黄
氮气	棕	氮	白
氯气	草绿	氯	白
石油气体	灰	石油气体	红

(2) 高压气瓶上选用的减压器要分类专用,安装时螺扣要旋紧,防止泄漏;开、关减压器和开关阀时,动作必须缓慢;使用时应先旋动开关阀,后开减压器;用完,先关闭开关阀,放尽余气后,再关减压器。切不可只关减压器,不关开关阀。

(3) 使用高压气瓶时,操作人员不能正对气瓶出口处站立。操作时严禁敲打撞击,并经常检查有无漏气,注意压力表读数。

(4) 氧气瓶或氢气瓶等,应配备专用工具,并严禁与油类接触。操作人员不能穿戴沾有各种油脂或易感应产生静电的服装手套操作,以免引起燃烧或爆炸。

(5) 可燃性气体和助燃气体气瓶,与明火的距离应大于 10m(确难达到时,可采取隔离等措施)。

(6) 用后的气瓶,应按规定留 0.05MPa 以上的残余压力。可燃性气体应剩余 0.2~0.3MPa,H_2 应保留 2MPa,不可用完用尽,以防重新充气时发生危险。

3. 几种特殊气体的性质和安全

(1) 乙炔 乙炔是极易燃烧、容易爆炸的气体。乙炔与空气或氧气混合容易发生爆炸。

存放乙炔气瓶的地方,要求通风良好。使用时应装上回闪阻止器,还要注意防止气体回缩。

(2) 氢气 氢气密度小,易泄漏,扩散速度很快。氢气与空气或氧气混合容易引起自燃自爆。

氢气应单独存放,最好放置在室外专用的小屋内,以确保安全,严禁烟火。应旋紧气瓶开关阀。

(3) 氧气 氧气是强烈的助燃烧气体,高温下,纯氧十分活泼。氧气容易与油类发生急剧的化学反应,并引起发热自燃,进而产生强烈爆炸。

氧气瓶一定要防止与油类接触,并绝对避免让其他可燃性气体混入氧气瓶。禁止用盛其他可燃性气体的气瓶来充灌氧气。

(六) 爆炸性物质安全操作

(1) 在完成带有爆炸性物质的实验中,应使用具有预防爆炸或减少其危害后果的仪器设备,如使用器壁坚固的容器,或配备压力调节阀或安全阀、安全罩等。操作时,切忌以面部正对危险体,必要时应戴上防爆面具。

(2) 实验前尽可能弄清楚各种物质的物理、化学性质及混合物的成分、纯度,设备的材料结构,实验的温度、压力等条件。实验中要远离其他发热体和明火、火花等。

(3) 将气体充装入预先加热的仪器内时,应先用氮气或二氧化碳排除原来的气体,以防意外。

(4) 当在由几个部分组成的仪器中有可能形成爆炸混合物时,则应在连接处加装保险器,或用液封的方法将几个器皿组成的系统分隔为各个部分。

(5) 在任何情况下,对于危险物质都必须取用能保证实验结果的必要精确性或可靠性的最小用量进行实验,且禁止用明火直接加热。

(6) 实验中要创造条件,克服光、压力、器皿材料、表面活性等因素对安全的影响。

(7) 在有爆炸性物质的实验中,不要用带磨口塞的磨口仪器。干燥爆炸性物质时,绝对禁止关闭烘箱门,有条件时,最好在惰性气体保护下进行或用真空干燥、干燥剂干燥。加热干燥时应特别注意加热的均匀性和消除局部自燃的可能性。

(8) 严格分类保管有爆炸性的物质,实验剩余的残渣余物要及时妥善销毁。

(七) 一般急救操作

1. 烧伤急救

(1) 普通轻度烧伤,可擦用清凉乳剂于创伤处,并包扎好;略重的烧伤可视烧伤情况立即送医院处理;遇有休克的伤员应立即通知医院前来抢救、处理。

(2) 化学烧伤时,应迅速解脱衣服,首先清除残存在皮肤上的化学药品,用水多次冲洗,同时视烧伤情况立即送医院救治或通知医院前来救治。

(3) 眼睛受到任何伤害时,应立即请眼科医生诊断。但化学灼伤时,应分秒必争,在医生到来前即抓紧时间,立即用蒸馏水冲洗眼睛,冲洗时必须用细水流,而且不能直射眼球。

2. 创伤的急救

(1) 小的创伤可用消毒镊子或消毒纱布把伤口清洗干净,并用3.5%的碘酒涂在伤口周围,包扎起来。若出血较多时,可用压迫法止血,同时处理好伤口,扑上止血消炎粉等药,较紧的包扎起来即可。

(2) 较大的创伤或者动、静脉出血,甚至骨折时,应立即用急救绷带在伤口出血部上方扎紧止血,用消毒纱布盖住伤口,立即送医院救治。但止血时间长时，应注意每隔 1~2h 适当放松一次，以免肢体缺血坏死。

3. 触电的急救

有人触电时应立即切断电源，若来不及或无法切断电源，可用绝缘物挑开电线，不可用金属或潮湿的东西挑开电线。在未切断电源之前，切不可用手去拉触电者。

4. 中毒的急救

对中毒者的急救主要在于把患者送往医院或医生到达之前，尽快将患者从中毒物质区域中移出，并尽量弄清致毒物质，以便协助医生排除中毒者体内毒物。如遇中毒者呼吸停止，心脏停跳时，应立即施行人工呼吸、心脏按摩，直至医生到达或送到医院为止。

第二章
燃烧基本特性实验

第一节　可燃物燃烧基本特性概述

一、燃烧特征及本质

根据《消防词汇 第1部分：通用术语》（GB/T 5907.1—2014）定义："燃烧（combustion）是可燃物与氧化剂作用发生的放热反应，通常伴有火焰、发光和（或）烟气的现象。"一般来说，放热、发光和烟气及生产新物质是燃烧的三个主要特征。凡是燃烧反应都是放热反应。大部分燃烧都伴有发光和烟气的现象，但也有少数燃烧只发烟不发光。燃烧发光的主要原因是燃烧时，火焰中有白炽的炭粒等固体粒子和某些不稳定的中间物质生成。燃烧是一种氧化反应，而氧化反应不一定是燃烧；能够被氧化的物质不一定都能燃烧，而能燃烧的物质一定能被氧化。简言之，氧化反应包括燃烧，而燃烧是氧化反应的一种。

可燃物的燃烧特性可用于火灾的分类。GB/T 4968—2008《火灾分类》中，根据可燃物的类型和燃烧特性将火灾定义为六个不同的类别，对选用灭火方式，特别是对选用灭火器灭火具有指导作用。

A类火灾：固体物质火灾。这种物质通常具有有机物性质，一般在燃烧时能产生灼热的余烬。

B类火灾：液体或可熔化的固体物质火灾。

C类火灾：气体火灾。

D类火灾：金属火灾。

E类火灾：带电火灾。物体带电燃烧的火灾。

F类火灾：烹饪器具内的烹饪物（如动植物油脂）火灾。

二、燃烧条件（燃烧三要素）

燃烧必须同时具备三个要素，即可燃物、氧化剂、点火源。

1. 可燃物

其是指在火源作用下能被点燃，且当火源移去后能继续燃烧直至燃尽的物质。一般而言，凡能与氧化剂（包括氧气和其他氧化剂）相互作用，发生燃烧反应的物质都可称为可燃物，否则称为不燃物。严格讲，可燃物和不燃物没有明显界限。如铁和铜在特定条件下也能燃烧，但一般把这种在常温常压下不能燃烧的物质视为不燃物；还有一些聚合物如聚氯乙烯，在强烈火焰中燃烧，离火自熄，这类物质称为难燃物。

物质可被分为可燃物、难燃物和不燃物。可燃物种类繁多，按其状态不同可分为气态、液态和固态三类；按其组成不同可分为无机可燃物和有机可燃物。大多可燃物为有机可燃物，少数为无机物，如一氧化碳、氢气、某些金属单质如生产中常见的铝、镁、钠、钾，以及某些非金属单质如碳、磷、硫等。

2. 氧化剂

凡是能和可燃物发生反应并导致燃烧的物质，都可称为氧化剂。氧化剂种类很多，氧气是一种最常见的氧化剂，空气中约含有21%的氧，一般可燃物都能在空气中燃烧。人们的生产和生活空间，随处存在这种氧化剂。其他常见氧化剂有卤族元素（氟、氯、溴、碘）、硝酸盐、氯酸盐、高锰酸盐、过氧化氢、金属过氧化物、重铬酸盐等，它们在热、摩擦或机械等作用下，能使可燃物发生氧化燃烧。

3. 点火源

其是指具有一定能量的能源，或能引起可燃物燃烧的能源，也叫着火源。点火源种类很多，生产和生活中很多热源都能转化为点火源。包括明火；化学能转化为化合热、分解热、聚合热、自燃热；电能转化的电阻热、电火花、电弧、感应发热、静电、雷击等；机械能转化的摩擦、压缩、撞击等；光能转化的热能以及核能转化的热能，日晒，这些能源还可能转化为高温表面等。

可燃物、氧化剂和点火源是构成燃烧的三个要素（燃烧三要素），缺一不可。但这是"质"的条件，还需要有"量"才能发生"质变"。燃烧的充分条件（燃烧四面体），即可燃物的数量一定，足够数量的氧化剂，加之具有一定能量的点火源。其中任何一个不够，燃烧也不能发生。具备燃烧的充分条件，量变积累到一定程度，必然引起质变，燃烧才能够发生。燃烧发生要持续进行，则燃烧反应释放的反馈热足以引发未燃的可燃物进行燃烧反应，这是燃烧得以持续的又一条件（燃烧的持续条件）。

燃烧三要素——→燃烧四面体——→燃烧的持续

量变——→质变——→持续的积累——→量变——→质变——→……

三、不同状态物质的燃烧过程

自然界的一切物质，在一定温度和压力下都以一定的状态存在，固态、液态或气态。不同状态的物质燃烧特点是不同的。图 2-1 是不同状态物质燃烧历程示意图。

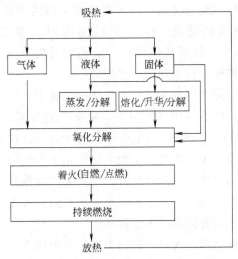

图 2-1　不同状态物质的燃烧历程示意图

1. 气体燃烧

气体燃烧比较简单。由于气体在燃烧时所需要的热量仅仅限于将其氧化或分解以及加热到燃点，因此一般来说，气体比较容易燃烧，而且燃烧速度较快。

2. 液体燃烧

多数液体经历蒸发过程呈气相燃烧。液体在点火源或加热作用下，通常首先蒸发成气态，而后蒸气氧化分解，开始燃烧。只由液体产生的蒸气进行的燃烧叫作蒸发燃烧，而由液体热分解产生可燃气体再分解的叫分解燃烧。二者都属于气相燃烧。

3. 固体燃烧

多数固体呈气相燃烧，有些固体则是气相和固相同时燃烧。不同化学组成的固体燃烧过程不同。有些固体，如硫、磷、石蜡等，受热时首先熔化为液体，然后蒸发、燃烧。而有些组成较为复杂的固体，如木材、沥青、合成塑料等是受热后首先发生分解，生成气态和液态产物，而后足够的气态和液态产物的蒸气着火燃烧，属于气相燃烧。在蒸发、分解过程中会留下一些不分解、不挥发的固体，燃烧可在气-固两相界面进行，即为固相燃烧。

四、燃烧类型

燃烧类型包括闪燃、点燃、自燃。相应的表征参数为闪点、燃点、自燃点。

1. 闪燃和闪点

（1）闪燃和闪点的定义　可燃液体的温度越高，蒸发出的蒸气也越多。可燃性液体挥发的蒸气与空气混合达到一定浓度或者可燃性固体加热到一定温度后，遇到明火发生一闪即灭的燃烧，称闪燃［《消防词汇　第1部分：通用术语》（GB/T 5907.1—2014）］。除可燃液体外，某些能蒸发出蒸气的固体，如石蜡、樟脑、萘等，与明火接触，也能出现闪燃现象。

可燃液体蒸发出的可燃蒸气足以与空气构成一种混合物，并在与火源接触时发生闪燃的最低温度，即为该液体的闪点。根据《消防词汇　第1部分：通用术语》（GB/T 5907.1—2014）规定，闪点（flash point）：在规定的实验条件下，可燃性液体或固体表面产生的蒸气在实验火焰作用下发生闪燃的最低温度。

（2）闪燃和闪点的重要性　闪点越低，则火灾危险性越大。如煤油的闪点为28～45℃，乙醚闪点为－45℃，从闪点值来说，乙醚的火灾危险性远大于煤油的火灾危险性，且乙醚还具有低温火灾危险性。

可燃液体之所以发生闪燃现象，是因为在闪点温度下，可燃液体蒸发速度较慢，所蒸发出来的蒸气仅能维持短时间的燃烧，未燃烧的可燃液体来不及提供足够的蒸气补充维持进一步的稳定的燃烧。

闪燃是可燃液体着火的前奏，是危险的警告。因此研究可燃液体火灾危险性时，闪燃作为可燃液体重要的燃烧类型被加以关注，具有十分重要的实际应用意义。

根据《建筑设计防火规范》（GB 50016—2014）的规定，对生产和储存火灾危险性分类如表2-1和表2-2所示。

表2-1　生产火灾危险性分类

生产的火灾危险性分类	使用或产生下列物质生产的火灾危险性特征
甲	闪点小于28℃的液体 爆炸下限小于10%的气体 常温下能自行分解或在空气中氧化能导致迅速自燃或爆炸的物质 常温下受到水或空气中水蒸气的作用，能产生可燃气体并引起燃烧或爆炸的物质 遇酸、受热、撞击、摩擦、催化以及遇到有机物或硫磺等易燃的无机物，极易引起燃烧或爆炸的强氧化剂 受撞击、摩擦或与氧化剂、有机物接触时能引起燃烧或爆炸的物质 在密闭设备内操作温度不小于物质本身自燃点的生产

续表

生产的火灾 危险性分类	使用或产生下列物质生产的火灾危险性特征
乙	闪点不小于28℃，但小于60℃的液体 爆炸下限不小于10%的气体 不属于甲类的氧化剂 不属于甲类的易燃固体 助燃气体 能与空气形成爆炸性混合物的浮游状态的粉尘、纤维、闪点不小于60℃的液体雾滴
丙	闪点不小于60℃的液体 可燃固体
丁	对不燃烧物质进行加工，并在高温或熔化状态下经常产生强辐射热、火花或火焰的生产 利用气体、液体、固体作为燃料或将气体、液体进行燃烧做其他用的各种生产 常温下使用或加工难燃物质的生产
戊	常温下使用或加工不燃烧物质的生产

表2-2 储存火灾危险性分类

储存物品的火灾 危险性分类	储存物品的火灾危险性特征
甲	闪点小于28℃的液体 爆炸下限小于10%的气体，受到水或空气中水蒸气的作用能产生爆炸下限小于10%气体的固体物质 常温下能自行分解或在空气中氧化能导致迅速自燃或爆炸的物质 常温下受到水或空气中水蒸气的作用，能产生可燃气体并引起燃烧或爆炸的物质 遇酸、受热、撞击、摩擦、催化以及遇到有机物或硫磺等易燃的无机物，极易引起燃烧或爆炸的强氧化剂 受撞击、摩擦或与氧化剂、有机物接触时能引起燃烧或爆炸的物质
乙	闪点不小于28℃，但小于60℃的液体 爆炸下限不小于10%的气体 不属于甲类的氧化剂 不属于甲类的易燃固体 助燃气体 常温下与空气接触能缓慢氧化，积热不散引起自燃的物品

续表

储存物品的火灾危险性分类	储存物品的火灾危险性特征
丙	闪点不小于60℃的液体 可燃固体
丁	难燃烧物品
戊	不燃烧物品

《石油天然气工程设计防火规范》［暂缓实施］（GB 50183—2015）中，有关常用储存物品的火灾危险性分类及举例如表2-3所示。

表2-3 储存物品的火灾危险性分类及举例

类别		火灾危险性特征	举例
甲	A	37.8℃的蒸气压＞200kPa的液态烃	液化石油气、天然气凝液、未稳定凝析油、液化天然气
	B	1.闪点＜28℃的液体（甲A类和液化天然气除外） 2.爆炸下限＜10%（体积分数）的气体	原油、稳定轻烃、汽油、天然气、稳定凝析油、甲醇、硫化氢
乙	A	1.闪点≥28℃到＜45℃的液体 2.爆炸下限≥10%的气体	原油、氨气、煤油
	B	闪点≥45℃到＜60℃的液体	原油、轻柴油、硫黄
丙	A	闪点≥60℃到＜120℃的液体	原油、重柴油、乙醇胺、乙二醇
	B	闪点≥120℃的液体	原油、二甘醇、三甘醇

注：操作温度超过其闪点的乙类液体应视为甲B类液体；操作温度超过其闪点的丙类液体应视为乙A类液体；在原油储运系统中，闪点≥60℃且初馏点≥180℃的原油，宜划为丙类。

石油产品的火灾危险性分类应以产品标准中确定的闪点指标为依据。

经过技术经济论证，有的轻柴油闪点≥60℃，在储运过程中可视为丙类。闪点＜60℃且≥55℃的轻柴油，如果储运设施的操作温度不超过40℃，可视为丙类。

（3）闪点的测定方法 测定闪点的基本方法有两类：开口杯法和闭口杯法。对闪点较高的可燃性液体，一般采用开口杯法，可参见国家标准《石油产品闪点和燃点测定 克利夫兰开口杯法》（GB/T 3536—2008）或《石油产品闪点与燃点测定法（开口杯法）》（GB 267—1988）；对闪点较低的液体，一般采用闭口杯法，可参见《闪点的测定 宾斯基-马丁闭口杯法》（GB/T 261—2008），《危险品 易燃液体闭杯闪点试验方法》（GB/T 21615—2008），《闪点的测定 闭杯平衡法》（GB/T

21775—2008），《石油产品和其他液体闪点的测定 阿贝尔闭口杯法》（GB/T 21789—2008），《泰格闭口杯闪点测定法》（GB/T 21929—2008），《用泰格闭杯装置测定稀释沥青闪点的试验方法》[ASTM D 56—2005（2010）]等。

（4）可燃液体闪点与化学组成和结构的关系 单一组分可燃液体闪点高低与其化学组成和结构有关。有机同系物的可燃液体闪点变化遵循以下规律。

① 同系物可燃液体的闪点随其分子量增加而升高；
② 同系物可燃液体的闪点随其沸点升高而升高；
③ 同系物可燃液体的闪点随其密度增大而升高；
④ 同系物可燃液体的闪点随其蒸气压降低而升高；
⑤ 同系物可燃液体中，正构体的闪点高于相应异构体的闪点。

多组分可燃液体的闪点可分为两种情况，两种完全互溶的可燃液体和可燃液体与不燃液体的混合物。

两种完全互溶可燃液体的闪点值，一般低于各组分闪点的算术平均值，并且接近于含量大的组分的闪点。如表2-4所示。图2-2和图2-3分别为甲醇与丁醇混合溶液的闪点和甲醇与乙酸戊酯混合溶液的闪点。

表2-4 不同馏分汽油（烷烃同系物）闪点

馏分/℃	闪点/℃	馏分/℃	闪点/℃
50～60	-58	110～120	-11
60～70	-45	120～130	-4
70～80	-36	130～140	3.5
80～90	-24	140～150	10.0

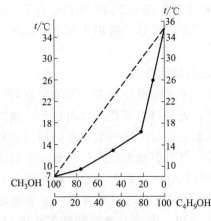

图2-2 甲醇与丁醇混合溶液的闪点

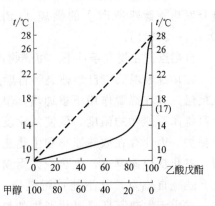

图2-3 甲醇与乙酸戊酯混合溶液的闪点

可燃液体与不可燃液体（水）混合后的闪点，随不可燃液体含量的增加而升高，当不可燃液体含量超过一定值后，混合液体不再发生闪燃。醇水溶液闪点如表 2-5 所示。

表 2-5 醇水溶液闪点

溶液中醇的含量/%	闪点/℃		溶液中醇的含量/%	闪点/℃	
	甲醇	乙醇		甲醇	乙醇
100	9	11	10	60	50
75	18	22	5	无	60
55	22	23	3	无	无
40	30	25			

2. 点燃与燃点

点燃，又叫强制着火（ignition）：在常温下，可燃物在火源作用下所产生的燃烧，移去火源后仍能保持持续燃烧的现象。

燃点，又叫着火点（fire point, ignition point）：在规定的实验条件下，物质在外部引火源作用下表面起火并持续燃烧一定时间所需的最低温度［《消防词汇 第 1 部分：通用术语》（GB/T 5907.1—2014）］。

可燃物先是局部被强烈加热，首先达到引燃温度，产生火焰，发生燃烧反应的区域逐渐扩大传播到可燃物的其他部分或整个反应空间。可燃液体燃点的测定方法参见《石油产品闪点和燃点测定法 克利夫兰开口杯法》（GB/T 3536—2008）或《石油产品闪点与燃点测定法（开口杯法）》（GB 267—1988）；可燃粉尘的测定方法参见《粉尘云最低着火温度测定方法》（GB/T 16429—1996）。

3. 自燃与自燃点

（1）自燃与自燃点定义 自燃：可燃物在没有外部火源的作用时，因受热或自身发热并蓄热所产生的燃烧［《消防词汇 第 1 部分：通用术语》（GB/T 5907.1—2014）］。

自燃点：在规定条件下，可燃物产生自燃的最低温度。

（2）自燃现象与自燃种类 自燃点越低，火灾危险性越大。可燃物质与空气接触，并在热源作用下被加热，温度升高，先是缓慢氧化并放出热量，该热量可提高可燃物的温度，促使氧化反应速度加快，与此同时也存在向周围的散热损失，因此存在散热速率和生热速率两种。当可燃物氧化产生热量小于散热时，氧化反应速率小，生热少，周围散热条件较好，可燃物的温度就不能自行上升达到自燃点，就不能自行燃烧；若可燃物被加热到较高温度，反应速率快，或由于散热不良，氧化产生的热量不断聚积，温度升高而加快氧化速度，此时生热大于散热，反应速率不断加快使温度不断升高，直至达到自燃点，发生自燃现象。

自燃可分为受热自燃和本身自燃两种。

① 受热自燃是可燃物由于外界加热，使整体温度升高达到自燃点，未与明火接触而自行燃烧的现象。如火焰隔锅加热引起锅内油的自燃。受热自燃是引起火灾事故的重要原因之一。生产过程中发生受热自燃的原因主要有以下几点。

◇ 可燃物靠近或接触热量大温度高的物体时，通过热传递效应，有可能使可燃物升温达到自燃点而引起自燃（例如可燃物靠近加热炉、电热器、烟囱、暖气片等）。

◇ 熬炼或热处理过程，温度过高达到自燃点引起着火（例如炼油、熬沥青）。

◇ 生产设备的轴承或加工可燃物的设备的相对运动部件，由于缺乏润滑油或其他原因，摩擦力增大，产生局部过热，引发自燃（例如纺织品厂火灾，棉花加工厂火灾）。

◇ 放热反应释放大量的热，有可能引发周围可燃物的受热自燃（例如工地上生石灰遇水放热，引发周边放置的可燃建筑材料自燃着火）。

◇ 气体高压下突然压缩生热，热量来不及对外释放，温度骤增，引发可燃物受热自燃；或可燃混合气绝热压缩，产生高温导致爆炸。

◇ 温度超过自燃点的高温可燃物接触空气，也会自行着火。

② 本身自燃是可燃物由于自身发生化学反应、物理或生物作用等产生的热量，使温度升高至自燃点而发生自行着火的现象。

本身自燃和受热自燃都是在不接触明火的情况下自行发生的燃烧，区别在于热源的不同。本身自燃是来自可燃物本身的热效应，受热自燃的热来自于外部加热，因此它们的起火特点也不同。一般来说本身自燃从内向外延烧，受热自燃往往从外向内延烧。

自燃点是判断、评价可燃物火灾危险性的重要指标之一。自燃点能够相对性地反映不同物质自燃着火的难易程度。可燃液体和气体引燃温度（自燃点）的实验方法，可参见《可燃液体和气体引燃温度试验方法》（GB/T 5332—2007），易燃固体自燃点的测定尚无国家标准。

(3) 自燃点与可燃物化学组成和结构的关系　自燃点与可燃物的化学组成和化学结构有关。可燃液体有机同系物自燃点的变化遵循以下规律。

① 同系物的自燃点随分子量增大而降低。
② 正构体自燃点比其异构体自燃点低。
③ 饱和烃自燃点比相应不饱和烃的高。
④ 烃的含氧衍生物自燃点低于分子中相同碳原子数烷烃自燃点。
⑤ 环烷烃自燃点高于相应烷烃自燃点。

(4) 自燃点的影响因素 可燃物发生自燃现象，受本身状态和外界条件的影响。

① 压力 压力越高，自燃点越低。如表 2-6 所示为压力作用下的自燃点的变化。

表 2-6 压力作用下的自燃点的变化

物质名称	自燃点/℃					
	0.1MPa	0.5MPa	1MPa	1.5MPa	2MPa	2.5MPa
汽油	480	350	310	290	280	250
苯	680	620	590	520	500	490
煤油	460	330	250	220	210	200

② 浓度 当可燃气体或液体与空气混合浓度为化学当量浓度值时，自燃点最低。低于或高于这个浓度，自燃点都升高。如表 2-7 所示为甲烷在不同浓度下的自燃点。

表 2-7 甲烷在不同浓度下的自燃点

甲烷浓度/%	2.0	3.0	3.95	5.85	7.0	8.0	8.8	10.0	11.75
自燃点/℃	710	700	696	695	697	701	707	714	724

③ 催化剂 活性催化剂（铁、钒、钴、镍等氧化物）能降低某些物质的自燃点，钝性催化剂则提高自燃点（如汽油钝化剂四乙基铅）。

④ 容器的材质及直径、容积 盛装可燃物的容器材质不同，自燃点有所影响。如表 2-8 所示。

表 2-8 不同材质容器对自燃点的影响　　　　　　　　　　　　单位：℃

物质名称	铁管	石英管	玻璃瓶	钢杯	铂坩埚
苯	753	723	580	649	—
甲苯	769	732	553	—	—
甲醇	740	565	475	474	—
乙醇	724	641	421	391	518
乙醚	533	549	188	193	—
汽油	685	585	—	—	390
丙酮	—	—	633	649	—

容器直径越小，盛装的可燃物自燃点越高。

容器容积越大，盛装的可燃物自燃点越低。

⑤ 氧含量 可燃物自燃点在氧浓度高时比在氧浓度低时的自燃点低，纯氧条件下比空气浓度中的自燃点低。

⑥ 易燃固体 受热升华的易燃固体自燃点变化规律与可燃气体相同；受热分解出可燃气体的易燃固体，所含挥发成分越多，自燃点越低；某些纤维物质如木材，受热时间长，自燃点会降低；可燃粉尘粒度越小，自燃点越低。

第二节 可燃物燃烧特性实验

一、实验目的

1. 直观了解并掌握几种典型可燃物质的燃烧现象和燃烧特性。
2. 比较分析不同种类可燃物燃烧特性不同的原因。
3. 掌握测量物质燃烧特性的基本方法。

二、实验原理

燃烧（combustion）是可燃物与氧化剂作用发生的放热反应，通常伴有火焰、发光和（或）烟气的现象。放热、发光和（或）烟气及生成新物质是燃烧的三个主要特征，放热为燃烧的首要特征。凡是燃烧反应都是放热反应。

不同物质燃烧特性不同。有易燃的，有难燃的；大部分燃烧都伴有发光和烟气的现象，少数燃烧只发烟不发光。可燃物的燃烧特性可用于火灾的分类。

不同状态的物质燃烧特点也不同。气体燃烧简单，易燃；液体燃烧多数需要经历蒸发过程，而后氧化分解进入燃烧，相对气体燃烧速度较慢。固体燃烧比较复杂，可粗略分为简单物质燃烧和复杂物质燃烧。简单固体物质受热时先熔化为液体后蒸发、燃烧；而复杂固体，受热后首先发生分解，生成气态和液态产物，形成足够的可燃气体和可燃蒸气着火燃烧，属于气相燃烧。部分固态物质在蒸发、分解过程中会留下一些不分解、不挥发的固体，燃烧可在气-固两相界面进行，即为固相燃烧。

三、实验装置及样品

实验器材准备：酒精灯、带盖坩埚、坩埚钳、镊子、药品匙、石棉板、铁片。

实验样品准备：在典型的可燃液体种类中各自选择一种或几种以备实验。

1. 可燃液体：乙醇、汽油、煤油、柴油、机油等。
2. 可燃固体：木板、棉布、毛线、木炭、海绵、腈纶、地板革、地毯、聚氯乙烯、石棉、橡胶、金属钠、镁条等。
3. 可燃固体粉末：红磷、硫粉等。

四、实验步骤

1. 可燃液体燃烧特性观察

① 用小坩埚分别取少量液体，用火柴或点火器点燃。

② 若不能被点燃，用酒精灯加热使之温度升高后再尝试点燃。

③ 样品点燃后，观察样品被点燃的难易程度、燃烧的难易程度、火焰颜色以及发烟情况，并详细记录。

2. 可燃固体燃烧特性观察

① 用镊子分别取少量固体样品，放于石棉板上，用火柴或点火器点燃；注意如选用金属钠，取量务必要少，实验操作要专注。

② 若不能被点燃，用酒精灯加热后并使之完全燃烧，观察样品被点燃的难易程度、燃烧时的发光发烟情况以及最终残余物的特征，并记录；加大样品量重复实验，使之不完全燃烧，观察上述现象并记录。

3. 可燃固体粉末燃烧特性观察

用药品匙取少量固体粉末放在铁片上点燃，观察其燃烧特征。

五、实验数据及处理

实验前将选取的几种可燃物以列表形式呈现，事前做好可能出现的实验现象的罗列，实验中快速记录，有特殊现象在备注中记录。

物质名称	是否易被点燃	是否易燃烧	火焰颜色	发烟特征	是否产生熔滴	灰烬特征		备注
						完全燃烧	不完全燃烧	
可燃液体								
乙醇								
丙酮								
煤油								
柴油								
机油								
常见可燃固体								
棉布								
毛线								
木炭								
海绵								
腈纶								
地板革								
地毯								
典型聚合物材料								
聚乙烯								
聚氯乙烯								
尼龙								
橡胶								
可燃固体粉末								
红磷								
硫粉								

六、实验注意事项

1. 佩戴防毒面具做好防护。
2. 打开通风橱，保持实验环境通风良好，尽可能在通风橱内进行。
3. 使用坩埚钳和镊子夹取容器或可燃固体，务必小心拿稳，取用可燃物期间，不要打闹防止可燃液体倾倒或可燃固体因碰撞摩擦等原因发生意外燃烧事故。

4. 实验中可燃液体若发生意外燃烧，立即用坩埚盖盖住坩埚，使火焰熄灭。

5. 测定固体物质燃烧特性时，在实验台的石棉板上进行；测定液体、金属物质燃烧特性时，在通风橱中进行。

6. 金属钠从煤油中取出，待用滤纸拭干表面的煤油后再点燃，切记取量要少，以免发生危险。

七、思考题

1. 请问取用可燃物的体积对不同种可燃物燃烧特性的观察和比较有没有影响，为什么？
2. 不同状态的可燃物燃烧特性有什么不同？
3. 可燃固体的种类不同，燃烧特性不同，固体粉碎对燃烧性能有什么影响？
4. 液体样品中哪一种物质发烟量最大，为什么？
5. 比较棉布与木炭、地板革与橡胶被点燃的难易程度并说明原因。
6. 根据实验结果分析影响物质燃烧特性的因素有哪些？

第三节　可燃固体自燃特性测定实验

一、实验目的

1. 掌握理解弗兰克-卡门涅茨基自燃模型中有关参数的物理意义。
2. 掌握实验测定自燃氧化反应活化能的方法。
3. 利用F-K模型和实验测得的有关参数，判断在环境条件下固体可燃物发生自燃的临界尺寸，即利用小型实验结果推测大量堆积固体发生自燃的条件。

二、实验原理

1. 自燃与自燃点

自燃是可燃物在没有外部火源的作用时，因受热或自身发热并蓄热所产生的燃烧。

自燃点是在规定条件下，可燃物产生自燃的最低温度。自燃可分为受热自燃和本身自燃两种。

可燃液体自燃点的测定方法有国家标准可遵循，可参见《可燃液体和气体引燃温度试验方法》（GB/T 5332—2007），易燃固体自燃点的测定尚无国家标准。本实验中对可燃固体的自燃特性，从热自燃理论和模型着手，能够判定可燃固体材料发生自燃的临界尺寸，对自燃火灾的研究和预防具有实际意义。

2. 热自燃理论及模型

热自燃理论认为，着火是体系放热因素与散热因素相互作用的结果。如果体系放热因素占优势，就会出现热量积累，温度升高，反应加速，发生自燃；相反，如果散热因素占优势，体系温度下降，不能自燃。对于毕渥特数 Bi 较小的体系，可以假设体系内部各点的温度相同，自燃着火现象可以用谢苗诺夫自燃理论来解释。但对于毕渥特数 Bi 较大的体系（$Bi>10$），体系内部各点温度相差较大，必须用弗兰克-卡门涅茨基自燃理论来解释。该理论以体系最终是否能得到稳态温度分布作为自燃着火的判断准则，提出了热自燃的稳态分析方法。

可燃物质在堆放情况下，空气中的氧将与之发生缓慢的氧化反应，反应放出的热量一方面使物体内部温度升高，另一方面通过堆积体边界向环境散失。如果体系不具备自燃条件，则从物质堆积时开始，内部温度逐渐升高，经过一段时间后，物质内部温度分布趋于稳定，这时化学反应放出的热量与边界传热向外流失的热量相等。如果体系具备了自燃条件，则从物质堆积开始，经过一段时间后，体系着火。很显然，在后一种情况下，体系自燃着火之前，物质内部温度分布不均。因此，体系能否获得稳态温度分布就成为判断物质体系能否自燃的依据。

理论分析发现，物质内部的稳态温度分布取决于物体的形状和 δ 值的大小。这里，δ 表征物体内部化学放热和通过边界向外传热的相对大小。当物体的形状确定后，其稳态温度分布则仅取决于 δ 值。当 δ 大于自燃临界准则参数 δ_{cr} 时，物体内部将无法维持稳态温度分布，体系可能会发生自燃着火现象。这里，δ_{cr} 是把化学反应生成热量的速率和热传导带走热量的速率联系在一起的无量纲特征值，代表临界着火条件。

根据弗兰克-卡门涅茨基自燃理论有：

$$\delta_{cr}=\frac{x_{oc}^2 E \Delta H_c K_n C_{AO}^n}{KRT_{a,cr}^2}\exp\left(-\frac{E}{RT_{a,cr}}\right)$$

式中，x_{oc} 为体系的临界尺寸，它对于球体、圆柱体为半径，对于平板为厚度的一半，对于立方体为边长的一半；E 为反应活化能；ΔH_c 为摩尔燃烧热；K_n 为燃烧反应速度方程中的指前因子；C_{AO} 为反应物浓度；K 为热导率；R 为气体常数；$T_{a,cr}$ 为临界环境温度，即临界状态下的环境温度。

对具有简单几何外形的物质，δ_{cr} 经过数学方法求解，得出各自的临界自燃准则参数 δ_{cr} 为：对无限大平板，$\delta_{cr}=0.88$；对无限长圆柱体，$\delta_{cr}=2$；对球体，$\delta_{cr}=3.32$；对立方体，$\delta_{cr}=2.52$。

将上述关系式进行整理，并两边取对数得

$$\ln\left(\frac{\delta_{cr} T_{a,cr}^2}{x_{oc}^2}\right) = \ln\left(\frac{E\Delta H_c K_n C_{AO}^n}{KR}\right) - \frac{E}{RT_{a,cr}}$$

此式表明，对特定的物质，等式右边第一项 $\ln\left(\frac{E\Delta H_c K_n C_{AO}^n}{KR}\right)$ 为常数，那么左边一项 $\ln\left(\frac{\delta_{cr} T_{a,cr}^2}{x_{oc}^2}\right)$ 与 $\frac{1}{T_{a,cr}}$ 是线性关系。对于给定几何形状的材料，$T_{a,cr}$ 和 x_{oc}（即试样特征尺寸）之间的关系可通过试验确定。一旦确定了各种尺寸立方体的 $T_{a,cr}$ 值，代入 δ_{cr} 便可以由 $\ln\left(\frac{\delta_{cr} T_{a,cr}^2}{x_{oc}^2}\right)$ 对 $\frac{1}{T_{a,cr}}$ 做图，可得一直线，该直线的斜率 $K = -\frac{E}{R}$，由此可以求出材料的活化能 $E = -KR$。弗兰克-卡门涅茨基自燃模型的近似性很好，若是外推不太大，它可以用来初步预测实验所做温度范围以外的自燃行为。所以利用外推法得到截距后，可以判定环境温度下（20℃）发生自燃的临界尺寸。

三、实验装置及样品

电热鼓风干燥箱：该干燥箱为鼓风电热式。如图 2-4 为电热鼓风干燥设备结构示意图。

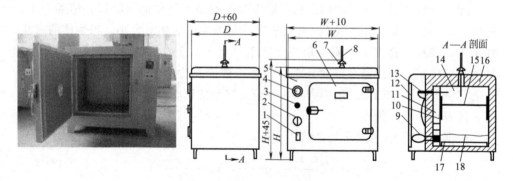

图 2-4 电热鼓风干燥设备结构示意图

1—鼓风开关；2—加热开关；3—指示灯；4—湿度控制器旋钮；5—箱体；6—箱门；7—排气阀；8—湿度计；9—鼓风电动机；10—搁板支架；11—风道；12—侧门；13—温度控制器；14—工作室；15—试样搁板；16—保温层；17—电热器；18—散热板

除图中所示外，还有如下具体设备。大型长图自动平衡记录仪：双笔记录，走纸速度有以下几挡：30mm/h、60mm/h、120mm/h、300mm/h、600mm/h、1200mm/h。

K 型热电偶：2m，两支，测温精度±0.5℃。

丝网立方体 3cm、4cm、5cm、6cm、7cm、8cm 各一个。

活性炭粉末（粒径较细并均匀）或浸有桐油的锯末。

四、实验步骤

（1）装试样　将活性炭粉末装入不同的丝网立方体内（注意一定要装满装平），然后将立方体丝网平放入电热鼓风干燥箱的中心位置。两个 K 型热电偶中一支检测试样中心温度，保证其探头插入试样中心，为避免振动而引起热电偶移动，用细铁丝将其紧固在托盘上；另一支热电偶测定炉温，放置在立方体一侧，要求尽量接近立方体，但又不能与其接触，同样用细铁丝将其紧固在托盘上，关闭玻璃门与干燥箱大门。

（2）设定 X-Y 函数记录仪　调节走纸速度为 60mm/h；将红色和蓝色记录笔头插入标尺上的笔杆（注意：蓝色记录笔头在内，红色记录笔头在外），要求松紧适当，以防脱落或影响工作。然后依次打开函数记录仪的电源开关、走纸控制开关、两个记录笔的开关。

（3）设定干燥箱的工作温度，仪器开始加热升温。开启电热鼓风干燥箱的电源开关，同时打开辅助加热开关，根据预测的自燃温度，设定一高出其一定温度的干燥箱工作温度，应注意所设温度不得高于干燥箱允许的最高工作温度（一般为 300℃，温度设定方法见后面说明），超温报警温度设定为 305℃，仪器开始加热升温。

（4）数据记录　要求每隔三分钟记录一组数据：环境温度、体系温度，并计算环境温度与体系温度的差值以及相邻时间的体系温度差值。实验时不能随意打开控温炉。注意观察试样中心温度的变化规律，从 X-Y 函数记录仪上的温度-时间曲线判断试样是否发生了自燃。一直记录数据到体系温度超过环境温度时为止。

（5）实验结束后，依次关闭两个记录笔开关、走纸控制开关、记录仪电源开关，将记录笔头取下并盖上笔套。关闭辅助加热开关，将干燥箱工作温度设定到室温（20℃），打开箱体大门与玻璃门，让鼓风系统继续工作，直到工作室温度降低到室温附近时，再关闭电源开关。将立方体丝网取出，倒掉试样（注意试样过热时不要倒在塑料容器中），清理干燥箱内部。同一尺寸试样测得若干个温度后，取其中发生自燃的最低温度为最低超临界自燃温度，用 T_{super} 来表示；取其中不发生自燃的最高温度为亚临界自燃温度，用 T_{sub} 来表示。则该尺寸试样的自燃温度定义为：

$$T_{a,cr} = \frac{1}{2}(T_{super} + T_{sub})$$

（6）改变试样尺寸，可重复上述步骤，得到对应的 $T_{a,cr}$。每一个实验小组可只测定 1 个尺寸试样的自燃温度，最后收集其他组的实验结果，以便处理实验数据。

说明：电热鼓风干燥箱温度设定方法如下。

① 数显控温仪超温保护的烘箱使用方法　打开电源开关，将仪表上的温度设定开关置于"设定"端，仪表显示设定温度，旋动设定旋钮可改变设定温度值，根据需要对温度进行设定，设定好后将设定开关置回"显示"端，仪表将显示箱内的温度值（即按住白色设定开关，待温度稳定后，旋动设定旋钮到所设温度，再等到温度稳定后，松开白色设定开关）。超温报警温度设定的方法同上。

② 电脑控温的烘箱使用方法　打开电源开关，仪表上的 PV 窗将显示箱内温度，SV 窗显示设定温度值或控温时间剩余值，其中小数点左边为小时单位，小数点右边为分单位。按◀键可进行与温度设定值进行切换，按▲、▼键分别可改变设定温度或改变定时控温时间，要说明的是当不需要定时控温时，将时间设为 00.00。注意：时间设定中间有小数点闪烁，温度设定中间无小数点闪烁。将温度设定为所需温度，并设置超温保护报警温度。

按⏎键 5s，在 PV 显示窗口将出现参数代码 P1（上偏差报警），再按⏎键将显示参数代码 P2（下偏差报警），依次按下该键将显示 P3（偏差比例范围，一般为±12℃）、P4（积分时间，一般设为 200s）、P5（微分时间，一般设为 30s），这些参数都可按 ▲、▼、◀键改变其值，按⏎确认。

五、实验数据记录与处理

实验数据记录成如表 2-9 及表 2-10 所示。

表 2-9　$x_{oc}=$　　　cm 时的实验结果　　　　　　　单位：℃

时间/min	0	3	6	9	12	15	18	21	24	…
$T_{环境}$										
$T_{体系}$										
$T_{环境}-T_{体系}$										
$\Delta T_{体系}$										

表 2-10　不同特征尺寸下的临界着火温度

特征尺寸/cm	1.5	2	2.5	3	3.5	4	4.5	…
临界着火温度/K								

1. 做图

已知立方体的临界自燃准数 δ_{cr} 为 2.52，以 $\dfrac{1}{T_{a,cr}}$ 为横坐标，$\ln\left(\dfrac{\delta_{cr} T_{a,cr}^2}{x_{oc}^2}\right)$ 为

纵坐标在直角坐标系中做图，经线性回归可得到一条直线。

2. 计算活化能 E

上述直线的斜率为 K'，且有 $K' = -\dfrac{E}{R}$，则 $E = -K'R = -8.314K'$，代入直线的斜率，即可求出该物质自燃氧化反应的活化能值。

根据 F-K 模型判定室温（20℃）下体系发生自燃的临界尺寸。

将上图中的直线延长至室温，可查得对应于 $T = 273 + 20 = 293\text{K}$（即横坐标 $\dfrac{1}{T_{a,cr}} = \dfrac{1}{293} = 3.41 \times 10^{-3}$）时的纵坐标值，即为对应的 $\ln\left(\dfrac{\delta_{cr} T_{a,cr}^2}{x_{oc}^2}\right)$ 值，代入 $\delta_{cr} = 2.52$ 和 $T_{a,cr} = 293\text{K}$ 计算，可求得室温下体系发生自燃的临界尺寸 x_{oc} 的值。而为了防止自燃，以立方体堆积的活性炭的边长不能大于 $2x_{oc}$。

六、实验注意事项

1. 实验过程烘箱温度在满足实验需求下尽可能选择较低温度，以防意外燃烧和爆炸。
2. 实验过程中严密监测温度变化。
3. 实验中干燥箱内不能有其他可燃物或试剂。
4. 未经允许，不得选用其他易燃易爆可燃固体。

七、思考题

1. 为什么说具有自燃特性的固体可燃物之临界自燃温度不是特性参数？
2. 测定自燃氧化反应活化能时，为什么要强调控温炉内强制对流的传热条件？
3. 测定临界自燃温度 $T_{a,cr}$ 时，为什么要取为超临界自燃温度的最低值和亚临界自燃温度的最高值之平均值？可否直接测定 $T_{a,cr}$？
4. 根据 F-K 理论，将小型实验结果应用于大量堆积固体时，如何保证结论的可靠性？如何应用实验结果预防堆积固体自燃或认定自燃火灾原因？

第四节 可燃液体自燃点测定实验

一、实验目的

1. 掌握可燃液体自燃点的测定原理和方法。

2. 掌握可燃液体自燃点的影响因素。
3. 了解自燃点测定仪的结构和工作原理。

二、实验原理

1. 基本概念

自燃（autoignition）：可燃物在没有外部火源的作用时，因受热或自身发热并蓄热所产生的燃烧［《消防词汇 第1部分：通用术语》（GB/T 5907.1—2014）］。

自燃点（autoignition temperature，AIT）：也称自发着火温度（spontaneous ignition temperature）、自身着火温度（self-ignition temperature）或自动着火温度（autogenous ignition temperature）：在规定条件下，可燃物产生自燃的最低温度。

自燃点是判断、评价可燃物火灾危险性的重要指标之一。自燃点能够相对性的反映不同物质自燃着火的难易程度，对生产、储存和运输中可燃液体的火灾危险性的评价具有实际应用意义。可燃液体和气体引燃温度（自燃点）的试验方法，可参见《可燃液体和气体引燃温度试验方法》（GB/T 5332—2007）。

2. 影响因素

发生自燃现象，受本身状态和外界条件的影响。影响可燃液体自燃点的主要因素包括以下几种。

（1）压力　压力越高，自燃点越低。

（2）浓度　当可燃气体或液体与空气混合浓度为化学当量浓度值时，自燃点最低。低于或高于这个浓度，自燃点都升高。

（3）催化剂　活性催化剂（铁、钒、钴、镍等氧化物）能降低某些物质的自燃点，钝性催化剂则提高自燃点（如汽油钝化剂四乙基铅）。

（4）容器的材质及直径、容积　盛装可燃物的容器材质不同，自燃点有所影响。

① 容器直径越小，盛装的可燃物自燃点越高。

② 容器容积越大，盛装的可燃物自燃点越低。

（5）氧含量　可燃物自燃点在氧浓度高时比在氧浓度低时的自燃点低，纯氧条件下比空气浓度中的自燃点低。

三、实验原理

本实验测定的自燃点（AIT）是物质在大气压下的空气中，没有外界着火源（如火焰或火花）帮助下，其易燃混合气体因放热氧化反应放出热量的速率高于热量散发速率而使温度升高引起着火的最低温度。着火（ignition）是燃烧的开始，在实验中，当观察到清晰可见的火焰和（或）爆炸，且伴随着气体混合物温度的突然升高，则认为发生着火。

实验中试样加入烧瓶中到试样着火瞬间，需经过一定的时间。这个时间即着火延迟时间（ignition delay time）也称为着火时滞。温度越高越短，试样从加热到自燃着火的最低自燃温度时着火延迟时间最长，反言之，测试条件下着火延迟时间最长时测定的温度即为最低自燃温度。实验测定条件下规定着火延迟时间不大于5min。如果可燃物质与空气的混合物在一定温度下着火延迟时间大于5min，则认为该温度低于该物质的自燃点。

本实验用注射器将0.05mL的待测试样快速注入加热到一定温度的200mL开口耐热锥形烧瓶内，当试样在烧瓶里燃烧产生火焰（或烧瓶内气体温度突然上升至少200~300℃）时，表明试样发生了自燃。若在5min内无火焰产生，则认为在该温度下试样没有发生自燃。通过重复实验可获得发生自燃的最低温度，即自燃点。

四、实验装置及样品

1. 加热炉

电加热坩埚炉，具有圆柱形的内腔，直径127mm，深度至少178mm，能容纳实验烧瓶并保持烧瓶温度均匀，温度可达600℃或更高。典型加热炉的结构如图2-5所示，主要包括炉腔、炉内锥形瓶、测温热电偶、电加热丝、保温层、壳体等。

加热炉的温控系统应当保证：温度在350℃以下时，能控制在±1℃范围内，高于350℃时能控制在±2℃范围内。采用直径不大于0.8mm并经标定的热电偶测量锥形瓶的温度。采用三点测温，测点分别位于炉内三角瓶底部中心、侧壁和上部，且紧贴瓶壁。可通过调节电加热丝的功率使三个测点的温度相差在1℃以内。

可使用标准试样检验加热炉是否对锥形瓶均匀加热，锥形瓶温度的测量点是否合适。检验试样的纯度应不小于99.9%。表2-11列出常用标准试样及其自燃点。

表2-11 标准试样及其自燃点

物质	正庚烷	苯
自燃点/℃	220	560

检验要求：同一个测试人员测得的重复试验结果，误差不应大于2%；不同实验室测得的重复试验结果的平均值，误差不应大于5%。

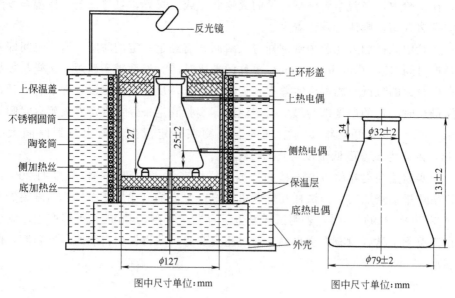

图 2-5 炉体示意图及锥形瓶尺寸

注意：加热炉应安装在通风柜内，及时将有毒气体抽走，以防操作人员长时间大量吸入有毒气体。

2. 反光镜

为能方便地观察锥形瓶内部试样的引燃情况，在锥形瓶上方大约250mm处安装反射镜。反光镜可以是边长为7.6cm或其他合适尺寸的正方形镜子，安放于锥形瓶的正上方，以便观察锥形瓶的内部。

注意：操作人员观察锥形瓶里的火焰时，要通过一面镜子来观察，因为，有些火焰正好辐射到锥形瓶顶端的正上方。

3. 锥形瓶

应使用体积为200mL硼硅酸盐玻璃制的锥形烧瓶，净重60g±5g。当试样的引燃温度超过硼硅酸盐玻璃烧瓶的软化点或试样对烧瓶有化学腐蚀时，可采用石英烧瓶或金属烧瓶，但要在实验报告中注明。对每一种试样的实验及最后一组实验均应采用经化学方法清洗过的洁净锥形瓶。

4. 注射器

注入液体试样应采用体积为0.25mL的注射器，其分度值不大于0.01mL。配有内径不大于0.15mm的不锈钢针头，可采用8号或9号不锈钢针头。

5. 计时器

用分度值不大于1s的计时器测定引燃延迟时间。

6. 吹风机

五、实验步骤

1. 实验前的准备

检查电路及注入系统等是否完好。准备好试样，液体试样应置于密闭容器中，当试样沸点接近室温时，要保证该试样注入锥形瓶前状态不变（测定有毒试样的引燃温度时，实验应在通风橱内进行）。

2. 调节温度

调节加热炉的温度，使锥形瓶达到所要求的温度，并保证其温度均匀，且稳定 10min 左右。

本实验中采用淄博中惠仪器有限公司的 ZHR401 型自燃点测定仪，温度设定步骤：

打开电源开关→按任意键开启显示屏→按"设置"键→按"△"上行键或"▽"下行键改变设定温度值→按"输入"键，完成温度设定→按"开始"键进行加温，屏幕显示三段温度，当三段温度达到设定温度且温度均匀稳定时，屏幕显示"测试"，可进行下一步操作。

3. 注入试样

用试样反复洗涤清洁的注射器，吸入 0.05mL 试样，以均匀的速度尽快使试样呈小滴状垂直注入锥形实验烧瓶的底部中心，然后立即抽出注射器，开始计时。

整个操作要在 2s 内完成。注入时要避免沾湿瓶壁，应避免样品飞溅到四周瓶壁上。

4. 观察与计时

试样完全注入锥形瓶后立刻开动计时器，当出现火焰和（或）爆炸时，应立即停止计时器，记录下对应的温度和引燃延迟时间。

如没有发生上述现象，到 5 min 时停止计时器并中止实验。

5. 清洗锥形瓶

每次实验结束时，用清洁、干燥的空气彻底吹出锥形瓶中的残余气体，如发现瓶内有吸附物，应及时更换干净锥形瓶。

6. 连续性实验

在不同温度下重复步骤 2～5 次。

（1）如果在初始设定温度下，试样在 5min 内没有着火，则转入下一步。如果在初始设定温度下，试样在 5min 内着火，则每次将温度降低 10℃进行实验，直至观察不到自燃现象为止，并记录此时的温度为 T0。

（2）每次将温度升高 10℃进行实验，直到样品发生自燃为止，记录该温度

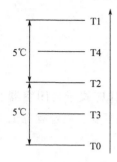

为 T1，并记录实验温度点中不发生自燃的最高温度为 T0。

（3）将 T1 降低 5℃，记录该温度为 T2，并进行实验。如果发生自燃，则再降低约 2℃，记录该温度为 T3，并进行实验。若自燃，则 T3 确定为样品的自燃点，否则 T2 确定为自燃点。

（4）如果 T2 温度下没有发生自燃，则升高约 2℃，记录该温度为 T4，并进行实验。若自燃，则 T4 确定为样品的自燃点，否则 T1 确定为自燃点。

7. 确认实验

在下列温度点重复实验至少 2 次。

若 T3 被确定为自燃点，则在 T0、T3 重复实验，并确认 T0 温度下不自燃，T3 温度下自燃；

若 T2 被确定为自燃点，则在 T2、T3 重复实验，并确认 T3 温度下不自燃，T2 温度下自燃；

若 T4 被确定为自燃点，则在 T2、T4 重复实验，并确认 T2 温度下不自燃，T4 温度下自燃；

若 T1 被确认为自燃点，则在 T1、T4 重复实验，并确认 T4 温度下不自燃，T1 温度下自燃。

8. 结束实验

取出锥形瓶并清洗、烘干。降低加热炉温度，关闭电源。处理未用完的实验样品。归还样品、器具，并清扫实验室。

六、实验数据记录与处理

记录可燃液体的名称、来源、物理性质、实验编号、实验日期、环境温度、湿度、大气压、试样量、引燃温度和引燃延迟时间等。

七、实验注意事项

1. 实验开始前开启通风系统。
2. 实验过程中观测自燃现象要通过反光镜，严禁直接近距离在瓶口上方观察，以防突然的自燃火焰伤害。
3. 谨慎小心操作，锥形瓶内不得有其他杂物。

八、思考题

1. 可燃液体自燃点测定的国家标准是什么？对于石油化工产品中的油品和可

燃液体的自燃点还有哪些国家标准可参考？

2. 可燃液体和可燃固体的自燃点测定方法有何异同？有什么实际意义？

第五节　可燃性混合液体开口杯闪点、燃点测定实验

一、实验目的

1. 通过实验直观认识可燃液体的闪点和燃点。
2. 明确闪点、燃点的实用意义，重点是闪点对可燃液体火灾的重要意义。
3. 掌握实验测量的原理和开口杯测量闪点的方法。
4. 熟练使用开口闪点全自动测量仪测量液体的开口闪点、燃点，并掌握混合液体的闪点的变化规律。

二、实验原理

1. 闪燃和闪点

《消防词汇 第1部分：通用术语》（GB/T 5907.1—2014）有以下规定。

闪燃（flash）：可燃性液体挥发的蒸气与空气混合达到一定浓度或者可燃性固体加热到一定温度后，遇到明火发生一闪即灭的燃烧（除可燃液体外，某些能蒸发出蒸气的固体，如石蜡、樟脑、萘等，与明火接触，也能出现闪燃现象）。

闪点（flash point）：在规定的实验条件下，可燃性液体或固体表面产生的蒸气在实验火焰作用下发生闪燃的最低温度。

研究可燃液体火灾危险性时，闪燃是必须掌握的一种燃烧类型。闪燃的发生是可燃液体着火的前奏，是火险的警告。闪点是衡量可燃液体火灾危险性的重要依据。闪点越低，液体火灾危险性越高。

闪点是可燃液体火灾危险性的分类、分级标准：

甲类危险可燃液体　　闪点＜28℃；

乙类危险可燃液体　　28℃≤闪点＜60℃；

丙类危险可燃液体　　闪点≥60℃。

《石油天然气工程设计防火规范》（GB 50183—2015 暂缓实施）规定：

甲 B 类危险可燃液体　　闪点＜28℃；

乙 A 类危险可燃液体　　28℃≤闪点＜45℃；

乙 B 类危险可燃液体　　45℃≤闪点＜60℃；

丙 A 类危险可燃液体　　60℃≤闪点＜120℃；

丙 B 类危险可燃液体　闪点＞120℃。

油品根据闪点划分，在 45 ℃以下的叫易燃品；45 ℃以上的为可燃品。在储存使用中禁止将油品加热到它的闪点，加热的最高温度，一般应低于闪点20～30℃。

根据可燃液体的闪点，确定其火灾危险性后，可以相继确定安全生产措施和灭火剂供给强度的选择。

测定闪点的基本方法有两类：开口杯法和闭口杯法。对闪点较高的可燃性液体，一般采用开口杯法测定，燃点测定适用同一个国家标准。可参见国家标准《石油产品闪点和燃点测定法 克利夫兰开口杯法》（GB/T 3536—2008）或《石油产品闪点和燃点测定法（开口杯法）》（GB 267—1988）。

2. 混合液体的闪点

纯组分可燃液体的闪点，可以通过查阅文献资料来获得。但是随着化学工业的不断发展及化工产品的多样化，许多行业在实际生产中却常常大量使用混合可燃液体，例如：油漆、涂料、冶金、精细化工、制药等。这些行业场所的危险等级都取决于混合液体的闪点，而混合液体的闪点随组成、配比的不同而变化，很难从文献上查得。需要实际测量混合闪点，为研究其变化规律提供依据。重质油使用过程中，即使混入少量轻组分油品，闪点也会降低。

可燃液体与可燃液体混合后的闪点，一般低于各组分闪点的算术平均值，并接近于含量大的组分的闪点。

可燃液体与不可燃液体混合后的闪点，闪点随不可燃液体含量的增加而升高，当不可燃液体含量超过一定值后，混合液体不再发生闪燃。

3. 燃点

燃点（fire point，ignition point）又叫着火点。可燃物在空气充足条件下，达到某一温度时与火源接触即行着火（出现火焰或灼热发光，不少于 5s），并在火源移去后仍能继续燃烧的最低温度。

燃点时，燃烧的不只是蒸气，还有液体（即液体已经达到燃烧温度，可提供保持稳定燃烧的蒸气）；能继续燃烧。闪点时，燃烧的只是蒸气；移去火源后即熄灭。燃点的温度值比闪点的温度值高些。闪点越低的可燃液体，其燃点和闪点的差值越小；闪点高于 100 ℃以上的可燃液体，差值则达 30 ℃以上。

燃点对评价可燃固体和闪点较高的可燃液体的火灾危险性具有实际意义，燃点越低，越易着火，火灾危险性越大。控制可燃物的温度在燃点以下是预防火灾发生的有效措施之一。

三、实验装置及样品

1. 克利夫兰开口杯测定仪

克利夫兰开口杯测定仪如图 2-6 所示。

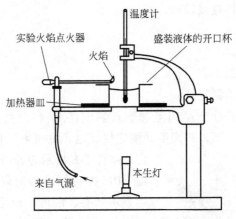

图 2-6　克利夫兰开口杯测定仪

(1) 试验杯　由黄铜或其他热导性能相当的、不锈钢金属制成,尺寸符合国家标准要求。试样杯可以安装手柄。试验杯如图 2-7 所示。

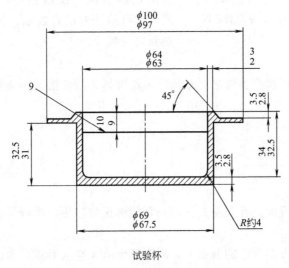

图 2-7　开口杯闪点测定仪试验杯

(2) 加热板　由黄铜、铸铁或钢板制成,有一个中心孔,其四周有一块面积稍凹,用于放置试验杯,其他部位金属板为耐热板盖住。

(3) 试验火焰发生器　扫描火焰头顶端直径约为 1.6mm,孔眼直径约为 0.8mm。试验火焰发生器能够自动重复扫划,扫划半径不小于 150mm,孔眼中心在试验杯缘上方不超过 2mm 的平面上移动。仪器适当位置可安装一个直径为 3.2～4.8mm 的金属比较小球,以便比较试验火焰的大小。

(4) 加热器　采用可调变压器的电加热器,也可以采用煤气灯或酒精灯。但注意火焰不能升到试验杯周围。热源集中在孔下方,且没有局部过热。若采用电加热器确保不与试验杯直接接触。

(5) 温度计支架。

(6) 加热板支架。

(7) 熄灭火焰的盖子。

2. 开口闪点全自动测定仪

根据国家标准《石油产品闪点和燃点测定法 克利夫兰开口杯法》（GB/T 3536—2008）的规定，可以采用手动测定仪测定，也可采用自动开口杯测定仪测定。如图 2-8 所示为开口闪点全自动测定仪。由 CPU 控制加热器对样品加热，LCD 显示器显示状态、温度、设定值等，在样品温度接近设定的闪点值时（低于设定值 10℃），CPU 控制点火系统自动点火，自动划扫。在出现闪点时仪器自动锁定闪点值，继续升温至出现燃点值，仪器锁定，屏幕显示闪点值、燃点值，有声音提示。同时，自动对加热器进行风冷。

图 2-8　开口闪点全自动测定仪

3. 实验样品

机械油、变压器油、煤油、柴油等可燃液体，清洗溶剂、烧杯、量筒、搅拌棒、清洗布等。

四、实验步骤

1. 仪器准备

（1）实验进行前，首先检查仪器是否能够正常使用，检查设备精度是否达到实验要求。

（2）仪器放置在平稳的台面上，周围环境应无空气对流。为便于观察，可以在仪器顶部放置一个遮光板，防强光照射。

（3）检查试验杯是否洁净。有明显污渍，要先用清洗溶剂冲洗试验杯，除去残留的所有胶质或残渣。再用清洁的空气吹干试验杯，确保除去所有溶剂。

（4）每次测试前，试验杯的温度必须冷却至至少低于预期闪点 56℃。

2. 混合可燃液体样品制备

（1）选取闪点差异较大的两种油品或其他较为安全的可燃液体，配制不同比例的混合可燃溶液；

（2）样品应储存于合适的条件，最大限度地减少样品蒸发损失和压力升高，储存温度避免超过 30℃；

（3）混合液体一定要用搅拌棒搅拌均匀；

(4) 样品最好现制现用，放置过久的样品需防止挥发并重新搅拌，不能过早制备样品；

(5) 配制不同样品之间需用清洁油清洗配置烧杯；

(6) 量筒需专油专用，不得混用，确保混合液体比例准确；

(7) 燃烧杯使用过后需用少量清洗溶剂擦洗一次。

3. 仪器操作及闪点、燃点测定

(1) 接通电源，按显示器提示进行设定。

(2) 首先进入"方法选择"，根据实验具体要求进行 GB/T 261—2008 的选择。确认后选择是否测试燃点。

(3) "预置温度"设定，按"△"或"▽"键设定温度，完毕按"确认"键返回主菜单（需对所测样品进行闪点的预估，设置温度与真实闪点值相差不应超过20，相差过大所测结果不真实）。

(4) 实验最好开始于某个纯样品的闪点测定。

(5) 将样品倒入样品杯中，小于210℃的样品在上刻度线，大于210℃的样品在下刻度线。然后将样品杯放在加热器上。

(6) 在主菜单中选择"测试闪点"并按"确认"键，测试头自动降落到样品杯中开始测试。

(7) 在预置温度前 (20±5)℃时，试验点火器开始扫划，温度每升高 2℃ 扫划一次，实验火焰通过试验杯所需时间约为 1s，应划过试验杯中心。如果试样表面形成一层膜，应把油膜拨到一边继续实验。

(8) 当在试样表面上任何一点出现闪火时，立刻记录温度读数，作为观察闪点；如果多次出现闪火，请记录这一现象和出现的次数。

(9) 自动测定仪会在仪器捕捉到闪火信号时将测试头抬起，同时显示闪点温度或者声音提示，也可能发生闪火却没有捕捉相应的燃烧信息，因此实验中要密切观察做好记录。如果选择了"测试燃点"，当闪点出现后继续升温，待出现燃点后，测试头抬起，点火杆回到左边，杯盖自动盖住样品杯，熄灭火焰。显示器显示闪点温度值、燃点温度值。

(10) 测试完毕，待仪器冷却后，更换样品，按"确认"进行第二次测试。如需要更改仪器设置，可按"△"键，返回主菜单进行更改。

五、实验数据记录及处理

记录两种纯样品，以及不同比例的混合可燃溶液的开口闪点、燃点。比较纯样品及混合样品闪点、燃点，做出曲线图，得出变化规律。

气压：101.3 kPa。

方法：GB/T 267—1988。

表 2-12 列表举例如下：

表 2-12　实验数据记录及处理

序号	预置温度/℃	煤油体积分数	机油体积分数	闪点值/℃	燃点值/℃
		0	100%		
		10%	90%		
		20%	80%		
		40%	60%		
		50%	50%		
		60%	40%		
		80%	20%		
		90%	10%		
		100%	0		

总结：..

....

....

六、实验注意事项

1. 开口杯闪点测量，应保证测定仪平稳，周围环境应无空气对流，如果不能保障，可考虑自行设置防风屏障。

2. 白天阳光照射强烈，为便于观察，可以在仪器顶部放置一个遮光板。

3. 开口杯实验中尽量减少通风设备、人员走动等气流影响。

4. 每次换样品都应将样品杯清洗干净，加热桶内不要有其他物品放入，否则将无法进行实验。

5. 测试头部分为机械自动转动，切勿用手强制动作，否则将造成机械损伤。

6. 连续多次测定，务必耐心等待仪器冷却，试样杯和样品至少要冷却到样品闪点值以下 60℃。

七、思考题

1. 什么是闪燃、闪点、燃点？为什么要测开口杯闪点？

2. 测定开口杯闪点的相关标准都有哪些？
3. 掌握闪燃和闪点的意义是什么？
4. 燃点对评价火灾危险性的实际意义是什么？
5. 在测定开口杯闪点的过程中为得到较为准确的开口杯闪点值，都应注意哪些方面？

第六节 可燃性混合液体闭口杯闪点测定实验

一、实验目的

1. 直观认识可燃液体的闭口杯闪点测定条件下的闪燃现象。
2. 明确闭口杯闪点对可燃液体火灾危险性评价的重要意义。
3. 掌握闭口杯闪点的实验原理和测量方法。
4. 掌握可燃性混合液体的闭口闪点的变化规律。

二、实验原理

1. 基本原理

对闪点较低的液体，一般采用闭口杯法，可参见国家标准《闪点的测定 宾斯基-马丁闭口杯法》（GB/T 261—2008），《危险品 易燃液体闭杯闪点试验方法》（GB/T 21615—2008），《闪点的测定 闭杯平衡法》（GB/T 21775—2008），《石油产品和其他液体闪点的测定 阿贝尔闭口杯法》（GB/T 21789—2008），《泰格闭口杯闪点测定法》（GB/T 21929—2008），《用泰格闭杯装置测定稀释沥青闪点的试验方法》[ASTM D 56—2005（2010）]等。

《闪点的测定 宾斯基-马丁闭口杯法》（GB/T 261—2008），定义闪点（flash point），在规定试验条件下，试验火焰引起试样蒸气着火，并使火焰蔓延至液体表面的最低温度，修正到101.3kPa大气压下。

宾斯基-马丁闭口杯法测定闭口闪点值，即将样品倒入试验杯中，在规定的速率下连续搅拌，并以恒定速率加热样品，以规定的温度间隔，在中断搅拌的情况下，将火源引入试验杯开口处，使样品蒸气发生瞬间闪火，且蔓延至液体表面的最低温度，此温度为环境大气压下的闪点，再用公式修正到标准大气压下的闪点。

同一种物质，开口闪点总比闭口闪点高，因为开口闪点测定器所产生的蒸气能自由地扩散到空气中，相对不易达到闪火的温度。通常开口闪点要比闭口闪点高 20~30℃。

可燃液体水溶液的闪点会随水溶液浓度的降低而升高。如对乙醇而言，当乙醇含量为 100% 时，9℃ 即可发生闪燃，而含量降至 3% 时则没有闪燃现象。利用此特点，对水溶性液体的火灾，用大量水扑救，降低可燃液体的浓度可减弱燃烧强度，使火熄灭。

2. 混合液体的闪点

纯组分可燃液体的闪点，可以通过查阅文献资料来获得。但是随着化学工业的不断发展及化工产品的多样化，许多行业在实际生产中却常常大量使用混合可燃液体，例如：油漆、涂料、冶金、精细化工、制药等。这些行业场所的危险等级都取决于混合液体的闪点，而混合液体的闪点随组成、配比的不同而变化，很难从文献上查得。需要实际测量混合闪点，为研究其变化规律提供依据。重质油使用过程中，即使混入少量轻组分油品，闪点也会降低。

可燃液体与可燃液体混合后的闪点，一般低于各组分闪点的算术平均值，并接近于含量大的组分的闪点。

可燃液体与不可燃液体混合后的闪点，闪点随不可燃液体含量的增加而升高，当不可燃液体含量超过一定值后，混合液体不再发生闪燃。

三、实验装置及样品

1. 宾斯基-马丁闭口闪点试验仪

主要由试验杯、盖组件和加热室组成。盖组件包括试验杯盖、滑板、点火器、自动再点火装置、搅拌装置。如图 2-9 所示。

（1）试验杯　试验杯由黄铜或具有相同导热性能的不锈钢金属制成，试验杯温度计插孔应装配使其在加热室中定位的装置，试验杯可以有手柄。

（2）盖组件　盖组件如图 2-10 所示。

（3）试验杯盖　由黄铜或其他导热性相当的不锈蚀金属制成。试验杯盖四周有向下的垂边，几乎与试验杯侧翼缘接触。试验杯与连接部分有锁住装置，试验杯上部边缘与整个试验杯盖内表面紧密接触。

（4）滑板　由厚 2.4mm 的黄铜制成。滑板在试验杯盖的水平中心轴的两个停位之间转动。滑板转到一个端点位置，则杯盖开口关闭，当转到另一个端点位置时，开口打开，点火器尖端全部降至试验杯内。

（5）点火器　点火器可采用火焰加热型或电阻元件加热型。

（6）自动再点火装置　用于火焰的自动再点火。

（7）搅拌装置　位于试验杯盖中心位置，带两个双叶片金属桨。搅拌器旋转轴与电机相连。

（8）加热室和浴套　嵌套加热或其他适合的加热方式。

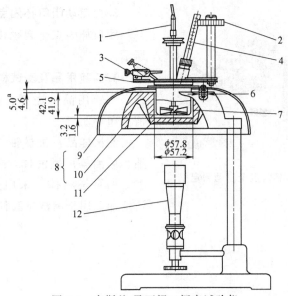

图 2-9 宾斯基-马丁闭口闪点试验仪

1—柔性轴；2—快门操作旋钮；3—点火器；4—温度计；5—盖子；
6—片间最大距离 $\phi 9.5mm$；7—试验杯；8—加热室；9—顶板；10—空气浴
11—杯表面厚度最小 6.5mm，即杯周围的金属；12—火焰加热型或电阻元件加热型

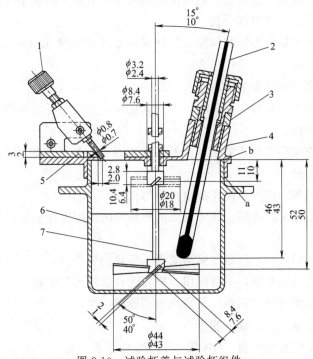

图 2-10 试验杯盖与试验杯组件

1—点火器；2—温度计；3—温度计适配器；4—试验杯盖；5—滑板；6—试验杯；
7—搅拌器；a—最大间隙 0.36mm；b—试验杯的周边与试验杯盖的内表面接触

2. 全自动闭口杯闪点测定仪

闭口杯闪点全自动测定仪如图 2-11 所示。

3. 实验用品及测试样品

实验用品：烧杯、量筒、搅拌棒、清洗布等。

测试样品：机械油、变压器油、煤油、柴油等可燃液体，或其他闪点高于 40℃ 的可燃液体、未用过的润滑油等。清洗油，用于清洗试验杯。

图 2-11 闭口杯闪点全自动测定仪

四、实验步骤

1. 仪器准备工作

（1）仪器应安装在无空气流的房间内，并放置在平稳台面上。实验前应检查仪器状态。

（2）试验杯应洁净，用清洁剂或清洁油除去之前实验的残余痕迹。之后吹干试验杯，确保不被所有溶剂干扰。

（3）手动式仪器应组装和校验，自动式测定仪应预热 1h 以上，确保仪器不因为受潮发生故障。

2. 混合可燃液体样品制备

（1）选取闪点差异较大的两种油品或其他较为安全的可燃液体，配制不同比例的混合可燃溶液。

（2）样品应储存于合适的条件，最大限度地减少样品蒸发损失和压力升高，储存温度避免超过 30℃。

（3）混合液体一定要用搅拌棒搅拌均匀。

（4）样品最好现制现用。放置过久的样品需防止挥发并重新搅拌，不能过早制备样品。

（5）配制不同样品之间需用清洁油清洗配置的烧杯。

（6）量筒需专油专用，不得混用，确保混合液体比例准确。

（7）燃烧杯使用过后需用少量清洗溶剂擦洗一次。

3. 仪器操作及闪点、燃点测定

手动式测定仪操作步骤（GB/T 261—2008 步骤 A）：

（1）观察气压计，记录实验期间仪器的环境大气压。

（2）将试样倒入燃烧杯至加料线，盖上试验杯盖，然后放入加热室，确保试验杯就位或锁定装置连接后插入温度计。

(3) 调节点火器,使试样以 5~6℃/min 的速率升温,搅拌速率为 90~120r/min。

(4) 试验预期闪点不高于110℃,从预期温度以下（23±5）℃点火,每升高1℃点火一次,点火时停止搅拌。

(5) 试验预期闪点高于110℃,从预期温度以下（23±5）℃点火,每升高2℃点火一次,点火时停止搅拌。

(6) 注意观察,记录火源引燃试验杯内可燃液体产生明显着火的温度,即为闪点。

(7) 观察闪点温度与最初点火温度相差少于18℃或高于28℃,则结果无效。需重新实验。

自动测定仪操作步骤:

(1) 开机准备,检查所有连接是否正确无误,然后打开电源开关。

(2) 接通电源后,仪器测试头部分自动抬起,并有提示音,按显示器提示进行设定。

(3) 首先进入"方法选择",根据实验具体要求进行 ASTM D 93 （Standard Test Methods for Flash Point by Pensky-Martens Closed Cup Tester）、GB/T 261—2008（闪点的测定　宾斯基-马丁闭口杯法）和预测试的选择。确认后进入"点火方法",选择方法 B（电点火）。确认返回主菜单。

(4) "预置温度"设定,按"△"或"▽"键设定温度,完毕按确认返回主菜单（需对所测样品进行闪点的预估,设置温度与真实闪点值相差不应超过 20,相差过大所测结果不真实）。

(5) 日期设定、大气压设定、打印设置等都是按"△"或"▽"键设定,选择后按"确认"键。

(6) 仪器校验按"△"或"▽"键,选择后按"确认"键。每个项目都要有响应"状态",即"开"、"关"的显示和机械动作,证明仪器正常。"参数"项目内的数据出厂时已调整好,不要随意改动,否则将影响样品测试结果。

(7) 将样品杯用石油醚或汽油清洗干净,把样品倒入杯中至刻度线,将其放入仪器加热桶内。在主菜单中选择"测试闪点"项目,按"确认"键,测试头自动落下,测试开始。

(8) 当测试到闪点值时,仪器测试头自动升起锁定显示、报警,并打印结果。如果在测试中需要终止实验,可按两次"确认"键,即结束实验。

(9) 当样品温度预置过低或样品温度过高时会自动结束实验,并在"状态"栏中显示"预置过低"或"样温过高"。

(10) 当样品实验温度超过预置温度50℃未发生闪点时,仪器会自动终止实验。

(11) 当实验结束后需要返回主菜单时,按"△"或"▽"键。

五、实验数据记录与处理

记录两种纯样品,以及配制的混合液的开口闪点。

比较纯样品及混合样品闪点,做出曲线图,得出变化规律。

气压:101.3 kPa。

方法:GB/T 267—1988。

表 2-13 列表举例如下:

表 2-13　实验数据记录与结果处理

序号	预置温度/℃	煤油体积分数/%	机油体积分数/%	闪点值/℃
		0	100	
		5	95	
		10	90	
		15	85	
		20	80	
		40	60	
		50	50	
		60	40	
		80	20	
		90	10	
		100	0	

总结:_____

_____

_____

_____

六、实验注意事项

1. 试样如为含水较多的残渣燃料油,应小心操作,因为加热后此类试样会起泡并从试验杯中溢出。

2. 闪点观察中，不要将出现在实验火焰周围的蓝色光轮与真实闪点混淆。

3. 闪点测量与初始点火温度相差过小或过大，结果无效，都应重新测量。

4. 预置温度与实测闪点值相差过大或过小，结果无效，都应重新测量。

5. 每次换样品要将样品杯清洗干净，样品加热桶内不要有其他物品放入，否则将无法进行实验。

6. 测试头部分为机械自动传动，切勿用手强制动作，否则将造成机械损伤。

7. 当仪器未能正常工作时，要及时与指导教师联系。

七、思考题

1. 如何测试闭口闪点？
2. 同一种物质的开口闪点与闭口闪点相比，哪一个更高？原因是什么？
3. 闭口杯法测定可燃液体闪点实验应注意哪些事项？
4. 配制混合可燃液体应注意哪些？
5. 测定混合液体闪点和测定单一组分闪点的可燃液体有什么不同，需要注意些什么？
6. 闭口杯闪点与开口杯闪点对可燃液体火灾危险性评价有什么重要意义？
7. 测定混合液体闭口杯闪点的实际意义是什么？

第三章 燃烧温度实验

第一节 燃烧温度概述

可燃物燃烧时所放出的热量，一少部分被火焰辐射散失，大部分则用于加热燃烧产物。由于可燃物燃烧所产生的热量是在火焰燃烧区域析出的，因此火焰温度即为燃烧温度。通常燃烧反应空间内温度分布不均匀，有火焰的区域，即燃烧反应发生区域温度高，而火焰面之外区域温度则明显降低。

火焰温度是指在绝热条件下，可燃物与氧化剂的量处于化学当量比且完全燃烧时，火焰面所能达到的最高温度，与可燃物的着火特性和热值等有关。一般而言，热值越大，燃烧温度越高，燃烧蔓延速度越快。实际工作中燃烧温度应用较多。实际燃烧温度是指气相燃烧产物（烟气）的平均温度。大多数实际情况中，燃烧温度低于火焰温度。部分可燃物的燃烧温度如表3-1所示。

表3-1　某些可燃物的燃烧热、热值和燃烧温度

测试条件：0.1MPa、25℃；燃烧产物：CO_2 (g)、H_2O (l)

可燃物质名称		燃烧热 /(kJ/mol)	热值		燃烧温度/℃
			kJ/kg	kJ/m^3	
碳氢化合物	甲烷	891.0	—	39774.6	1800
	乙烷	1540.7	—	69333.4	1895
	丙烷	2205.2	—	98180.5	1977
	丁烷	2860.1	—	126567.0	1982
	戊烷	3509.8	48572.3	—	1977
	己烷	4182.6	48634.7	—	1965

续表

可燃物质名称		燃烧热/(kJ/mol)	热值		燃烧温度/℃
			kJ/kg	kJ/m³	
碳氢化合物	苯	3279.9	42048.0	—	2032
	甲苯	3918.8	42596.5	—	2071
	二甲苯	4567.8	43090.5	—	—
	乙炔	1306.3	—	5777.8	2127
	萘	5160.2	40360.8	—	—
醇类	甲醇	715.5	23864.8	—	1100
	乙醇	1373.3	30990.7	—	1180
	丙醇	2018.0	34792.3	—	—
	丁醇	2675.4	37254.1	—	—
	戊醇	3295.0	39016.8	—	—
	甘油	1662.2	18066.9	—	—
酮、醚和酯类	丙酮	1787.8	30915.3	—	1000
	乙醚	2725.6	36873.1	—	2861
	乙酸乙酯	2254.6	25552.0	—	—
	乙酸戊酯	4354.3	33494.4	—	—
石油及其产品	原油	—	43961.4	—	110
	汽油	—	46892.2	—	1200
	煤油	—	41449—46475	—	700—1030
	重油	—	41668—46055	—	1000

可燃物受热燃烧，温度变化是很复杂的，如图 3-1 所示。

A 点温度 T_A，是可燃物开始受热时的温度，在最初阶段，外界提供加热的热量主要用于可燃物的熔化、蒸发和分解，可燃物温度上升缓慢。

B 点温度 T_B，是可燃物开始氧化并放热的温度，但由于温度较低，氧化速度缓慢，产生的热量不足以抵消向环境的散热。若此时停止供热，则不能发生燃烧。可燃物温度逐渐降低。

C 点温度 T_C，是可燃物氧化产生的热量和体系散热相等的温度值。此时若热量增加，则继续升温，即可打破"生热＝散热"的平衡，氧化生热大于环境散热，此时即使停止加热，温度也能继续上升，因此 T_C 也为可燃物发生自燃现象的理论自燃点。T_A 升温到 T_C 所需要的时间 t_1 称为预热期。

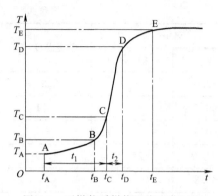

图 3-1 可燃物质燃烧温度变化过程

D 点温度 T_D，温度上升到此时，可燃物发生燃烧，同时出现火焰，且温度继续上升。T_C 为理论上可燃物的自燃温度，但实际测量时，往往以产生火焰作为判定点燃的实际测量标准，真实测得的自燃温度值实则为 T_D，即产生火焰的 D 点温度。T_C 和 T_D 点之间升温所需要的时间 t_2 称为诱导期。

E 点温度 T_E，是可燃物经过燃烧后其产物达到的最高温度。燃烧产物被加热至最高温度。

可燃物若处于预热期 t_1 时，时间较长，则只要移去升温热源即可终止燃烧过程。实际情况是预热期温度往往较低，现象不明显，肉眼不易察觉和检查。而当可燃物处于诱导期 t_2 时，时间较短，但温度急剧升高，产生烟气，易于检测和发觉。有的固体可燃物诱导期较长，则可利用诱导期温度急剧升高、产生烟气的特点，与警报设备、安全检测仪等联用，启动防灭火装置，在早期制止火灾发生。

不同状态可燃物燃烧过程中内部温度的变化和燃烧温度也不尽相同。复杂组分的可燃固体如聚合物的热分解和燃烧过程则更为复杂。聚合物在加热、燃烧过程中会表现出诸如软化、熔融、膨胀、发泡、收缩等特殊热行为，分解过程中不同聚合物还经历机理各异的反应历程，产生多种复杂成分的分解产物。这些特性都对聚合物的燃烧过程有着重要的影响。聚合物特殊的热行为表现和复杂的热分解历程，都会导致密度的变化、体积的变化以及晶区的相变化等，从而影响热传递过程，影响聚合物的内部温度场的变化。如图 3-2 所示。

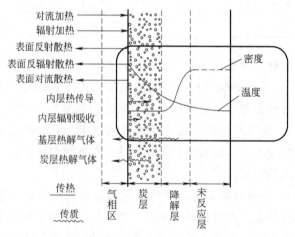

图 3-2 聚合物燃烧过程中温度梯度和密度梯度示意图

第二节 可燃液体液层温度测量实验

一、实验目的

1. 掌握不同组分可燃液体液层温度分布特点。
2. 了解学习液层温度分布特点对掌握液体火灾传播的重要意义。
3. 掌握测量可燃液体液层温度的测量方法。

二、实验原理

可燃液体受热蒸发,在液面上形成可燃蒸气混合物,被引燃后燃烧,燃烧释放的热量会在液体内部传播,由于液体特性不同,热量在液体中的传播具有不同的特点。可燃液体分可以按照成分不同分为单组分液体(如甲醇、苯等)和沸程较窄的混合液体(如煤油、汽油等)与沸程较宽的多组分混合液体(如原油、重油等)。

对于单组分液体,如图3-3所示,燃烧时热量在液层的传播具有以下特点。

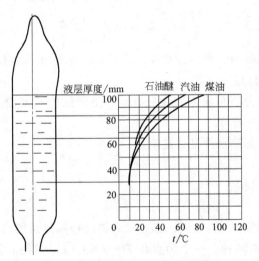

图3-3 单组分液体中的温度分布

1. 液面温度接近但稍低于液体的沸点

单组分液体如甲醇、苯等,和沸程较窄的混合液体如煤油、汽油等,在自由表面燃烧时,很短时间内就形成稳定燃烧,且燃烧速度不变。

液面温度由于火焰传递的热量而升高,达到沸点便不再升高,但在开放空间燃烧时,液面要不断向液体内部传热,因此温度稍低于沸点。

2. 液面加热层很薄

单组分可燃液体和沸程较窄的混合液体,在池状稳定燃烧时,热量只传播到较浅的液层中,即液面加热层很薄。如图 3-4 所示。

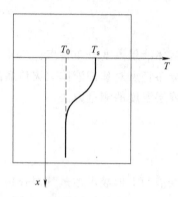

图 3-4　油层内温度分布示意图

$$K \times \frac{d^2 T}{dx^2} = -V_\infty \rho c \times \frac{dT}{dx} \Rightarrow \frac{d^2 T}{dx^2} = -\frac{V_\infty}{\alpha} \frac{dT}{dx}$$

$$x = 0, \quad T = T_s; \quad x = \infty, \quad T = T_0, \quad \frac{dT}{dx} = 0$$

积分得:

$$\frac{T - T_\infty}{T_s - T_\infty} = \exp\left(\frac{-V_\infty}{\alpha x}\right)$$

① 液体稳定燃烧时,蒸发速度是一定的,火焰形状和热释放速率是一定的,液层下的温度分布也是一定的。

② 液层的温度分布与液体的性质有关,不同液体其液面下温度分布是不同的,即加热厚度是不同的。

③ 沸点越高,加热层厚度也越高。

三、实验装置及样品

实验装置由燃烧筒、热电偶、多通道采集仪和标尺组成,示意图如图 3-5 所示。试验用燃烧筒有两种,一个为直径 $D = 6 cm$,$H = 10 cm$ 的开口式圆柱形标准结构石英材质制成的石英杯,筒壁透明光滑,有刻度线;另一个为直径 $D = 30 cm$,$H = 40 cm$ 开口式圆柱形标准结构不锈钢材质制成,筒壁上每隔 1cm 设置热电偶插口,可安置 20 个以上的插口,根据实验需要可自由选择插口安装热电偶。热电偶安装测温点的分布在燃烧筒不同高度的同一轴线上,热电偶连线接到多通道采集仪上。液面高度可根据标尺确定,也可用钢尺直接测得。

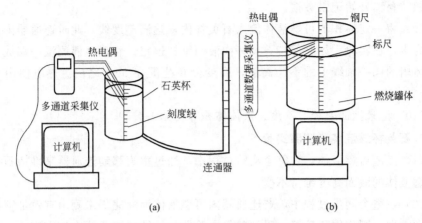

图 3-5 小型燃烧装置（a）和中型燃烧装置（b）示意图

实验样品：如煤油或其他能够保证安全的单组分可燃液体，如乙醇。若样品燃烧危险性较大，做好防护并采用小型燃烧筒实验。还包括隔热垫、镊子、支架、滴定管、橡胶软管、吸耳球、移液管等。

四、实验步骤

1. 装置安装与调试

（1）检查元件是否完整无损，组装装置，把石英杯固定在水平面上，下面可用隔热垫或石棉板隔热。

（2）将石英杯与滴定管或连通管与橡胶软管制成的连通器连接好，连通器要安装固定在支架或铁架台上。

（3）检查多通道采集仪是否有足够的电量完成整个实验操作。连接多通道采集仪和热电偶，将热电偶从通道1开始，按顺序依次接入相应的界限端子上，安装时注意接线要正确，正负极要正确，不可接错反，记住连接通道编码。多通道采集仪可与电脑连接实时观察温度曲线变化。

（4）按"on"按钮，打开仪器，约3s后自动进入主菜单屏幕，选定图标 ，再按回车按钮，进入设置菜单。

（5）利用前进"▶"和后退"◀"箭头按钮选择输入通道1的传感器，选择"Thermocouple K"选项。接着按下回车按钮，箭头光标将移动到第二个输入通道，依次进行设定。

（6）选择完后按下"ESC"按钮，箭头光标将指向速率命令。

（7）根据需要依次用设置速率为"RATE = Every sec"，样本数和显示类型设置为"SAMPLES = ?, DISPLAY = numeric"。

（8）设置完毕后，将光标移至"START"处，等待实验开始时按下前进箭头按钮"▶"开始记录数据。

（9）将一定体积的可燃液体倒入石英杯内，达满刻度线，此时连通器内液体刻度为零，在实验中始终保持石英杯内液面维持恒定。将热电偶测温一端放入可燃液体内的同一轴线上的不同高度，高度分布范围在 5cm 之内。热电偶由支架固定。

（10）记录液面直径、高度、液体体积等初始参数。

2. 石英杯燃烧装置测温实验

（1）点燃可燃液体，在整个实验过程中，通过垂直移动连通器来维持石英杯内可燃液体的液面高度维持不变。

（2）在整个测量过程中，若连通器内可燃液体消耗完仍未测出有效足够的液层温度数据，则应用移液管、吸耳球等实验器材继续向连通器内加入液体，以确保石英杯内可燃液体的燃烧过程始终处于稳定状态。

（3）可燃液体被点燃后，密切观察每个编号热电偶测温的情况，若有负数等异常，立刻终止实验，检查线路连接等。

（4）在石英杯内液面高度维持不变的条件下，观察每个热电偶测得的相应液层温度值，当每个热电偶测温值维持恒定，即表明液体燃烧处于稳定状态，相应记录下不同液层厚度的温度值。

（5）同时记录消耗的液体体积和燃烧时间。

（6）如果初始设置的热电偶测量的液层高度设计不合理，导致相邻热电偶测温数据变化过大，则停止燃烧，缩小相邻热电偶，重新实验。

（7）更换液体初始高度，再做一次，比较不同体积同种液体燃烧，液层温度分布是否相同。

（8）记录结束后，按"ESC"按钮停止记录，或者按"off"按钮，关闭仪器。

3. 不锈钢制燃烧筒测温实验

（1）同上述石英杯测温实验相同，安装好装置后，记录初始参数。

（2）点燃可燃液体，观察热电偶测温数据的变化，记录时间、温度值。

（3）注意因大燃烧筒不能中间添加燃料，整个燃烧过程中液面是在不断下降的。

（4）如果初始设置的热电偶测量的液层高度设计不合理，导致相邻热电偶测温数据变化过大，则停止燃烧，缩小相邻热电偶，重新实验。

（5）在燃烧进行一段时间后，每个热电偶在相对较短的一段时间内维持恒定，说明此时燃烧进入稳定状态，记录不同时间段不同液层厚度的温度场。记录多组数据。

4. 实验结束

五、实验数据记录及处理

1.将记录的不同液层厚度的液层温度值绘制 T-H 曲线。举例如图 3-6 所示。

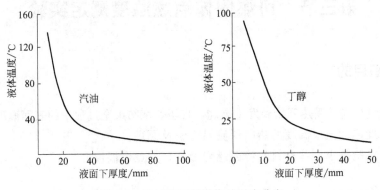

图 3-6　汽油和丁醇燃烧的温度分布

如果用电脑记录实验数据，可通过点击菜单栏中"File→Export Project to Excel"，将项目保存为 Excel 电子表格的形式，导出数据做图。

2.不锈钢燃烧筒实验有多组液层温度场记录，分别绘制不同曲线。

3.通过实验和查阅相关资料，比较不同体积同种液体燃烧、不同种液体（不同沸点液体）燃烧、不同材质燃烧筒燃烧等不同条件不同变量的燃烧模式下，可燃液体液层温度分布规律。

4.根据实验结果和查阅资料总结液层温度分布的影响因素。

六、实验注意事项

1.实验过程中移液要特别注意安全，不可出现接近火源处添加可燃液体操作，因此软管设置可增长，远离燃烧筒操作或增大连通器滴定管的量程。

2.可燃液体取用，防泼洒，注意防护。

3.测温过程中维持石英杯内液面高度恒定。

七、思考题

1.为什么要设置连通器维持液面不变？

2.如果不设置连通器，随着实验的进行，燃烧筒内可燃液体的体积不断减少，液面不断下降，对液层温度的测量有什么影响？

3.液层温度分布的影响因素有哪些？

4. 学习液层温度分布规律有什么意义？

5. 单一组分液体和多组分液体液层分布规律是否相同？它们都各自有什么特性？

第三节　可燃固体点燃温度测定实验

一、实验目的

1. 测量材料从受热开始到发生燃烧，直至燃烧结束全过程中的表面温度变化。
2. 掌握连续记录温度的热电偶测温方法及原理。
3. 由实验确定一些材料的特征燃烧参数，如点燃温度。

二、实验原理

1. 材料的点燃温度

木材、聚合物等固体可燃材料在火灾辐射热流的作用下单面受热后，表面温度开始升高，达到一定温度时开始发生分解，挥发出可燃气体，而后发生点燃形成气相火焰。当发生点燃时，材料表面温度会发生突跃，根据温度变化曲线上的突跃点或转折点可以确定材料的点燃温度。通常，材料的点燃温度为材料燃烧的一个特征温度，可表征材料的火灾特性及危害。在相同的气流条件和点燃方式下，点燃温度一般只是材料的特征参数。

2. 热电偶的测温原理及使用

(1) 原理　将两种金属导线构成一闭合回路，如果两个接点的温度不同，就会产生一个电势差称为温差电势。如在回路中串接一个毫伏表，则可粗略显示该温差电势的量值（图3-7所示），这一对金属导线的组合就称为热电偶温度计，简称热电偶。如图3-8为热电堆示意图。

实验表明，温差电势 E 与两个接点的温度差 ΔT 之间存在函数关系。如其中一个接点的温度恒定不变，则温差电势只与另一个接点的温度恒定不变，则温差电势只与另一个接点的温度有关：$E = f(T)$。通常将其一端置于标准压力 $p^{\ominus}$ 下的冰水共存体系中。那么，由温差电势就可直接测出另一端的摄氏温度值。在要求不高的测量中，可用锰铜丝制成冷端补偿电阻。

(2) 特点　热电偶作为测温元件有以下优点。

① 灵敏度高　如常用的镍铬-镍硅热电偶的热电系数达 $40\mu V/℃$，镍铬-考铜的热电系数更高达 $70\mu V/℃$。用精密的电位差计测量，通常均可达到 $0.01℃$ 的

精度。如将热电偶串联组成热电堆（图3-8所示），则其温差电势是单对热电偶电势的加和，选用较精密的电位差计，检测灵敏度可达10^{-4}℃。

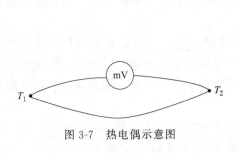

图3-7 热电偶示意图

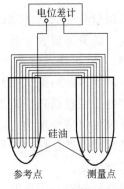

图3-8 热电堆示意图

② 复现性好　热电偶制作条件的不同会引起温差电势的差异。但一支热电偶制作后，经过精密的热处理，其温差电势—温度函数关系的复现性极好。由固定点标定后，可较长期使用。热电偶常被用作温度标准传递过程中的标准量具。

③ 量程宽　热电偶的量程受其材料适用范围的限制。

④ 非电量变换　温度的自动记录、处理和控制在现代的科学实验和工业生产中是非常重要的。这首先要将温度这个非电参量变换为电参量，热电偶就是一种比较理想的温度-电量变换器。

(3) 种类　热电偶的种类繁多，各有其优缺点。表3-2列出几种国产热电偶的主要技术指标。

表3-2　几种国产热电偶的主要技术指标

类别	型号	分度号	使用温度/℃		热电势允许偏差		偶丝直径/mm
			长期	短期	0～600℃	>600℃	
铂铑10-铂	WRLB	LB-3	1300	1600	±2.4℃	±0.4%t	ϕ0.4～0.5
铂铑30-铂铑60	WRLL	LL-2	1600	1800	0～600℃	>600℃	ϕ0.5
					±3℃	±0.5%t	
镍铬-镍硅	WREU	EU-2	1000	1300	0～400℃	>600℃	ϕ0.5～2.5
					±4℃	±0.75%t	
镍铬-考铜	WREA	EA-2	600	800	0～400℃	>600℃	ϕ0.5～2
					±4℃	±1%t	

注：t为实测温度值，单位：℃。

除此以外，套有柔性不锈钢管的各种铠装热电偶也已日益普及。管内装有 $\phi 1mm$ 的偶丝，长度可按需要自行截取，剥去铠装使热电丝露出绞合后焊接即可。

(4) 测量　热电偶的测量精度受测量温差电势的仪表所制约。直流毫伏表是一种最简便的测温仪表，可将表盘刻度直接标成温度读数。该方法精度较差，通常为±2℃左右。使用时整个测量回路中总的电阻值应保持不变，最好是对每支热电偶及其所匹配的毫伏表做校正。

数字电压表量程选择范围可达 3～6 个数量级。它可以自动采样，并能将电压数据的模拟量值变换为二进位值输出。数据可输入计算机，便于与其他测试数据综合处理或反馈以控制操作系统。数字电压表的测试精度虽然很高，但它的绝对量值需做标定。

温差电势的经典测量方式是使用电位差计以补偿法测量其绝对值。

(5) 标定和校正　热电偶的温差电势 E 与温度值 T 之间关系的标定，一般不是按内插公式进行计算，而是采用实验方法以列表或工作曲线形式表示。标定时通常以水的冰点作参考温度，再根据所需工作范围选择固定点进行标定。测量时应确保热电偶两端处于各自的热平衡状态。标定后的热电偶通称为标准热电偶。

工作热电偶常用标准热电偶校正。通常是将它和标准热电偶一起放在某一恒温介质中，逐步改变恒温介质的温度，在热平衡状态下测量一系列温度下的温差电势，做成工作曲线。

三、实验装置及样品

1. 主要装置及附件

其包括 K 型热电偶，DaqPRO 5300 数据采集系统（图 3-9 所示），锥形量热仪，实验样品盒。

2. 实验样品制备及工具

材料制备：木材、纸板等材料，长宽各 10mm，厚度 2～10mm。
辅材准备：石棉垫、铝箔、直尺、剪刀、铝箔、防火脱脂棉、热电偶等。
工具：电锯、电砂轮、挫、剪刀、直尺、铲刀、实验样品盒、秒表。

四、实验步骤

1. 热电偶测温操作步骤

热电偶与 DaqPRO 5300 数据采集系统操作步骤如下所述。

(1) 将热电偶从通道 1 开始，按顺序依次接入相应的界限端子上，如只使用

图 3-9　数据采集系统

一个热电偶,则必须把它连接到输入通道1。

(2) 按"on"按钮,打开仪器,约3s后自动进入主菜单屏幕,按"▶"按钮选定图标, 再按回车按钮![], 进入设置菜单。

(3) 利用前进"▶"和后退"◀"箭头按钮选择输入通道1的传感器,选择"Thermocouple J"选项。接着按下回车按钮,箭头光标将移动到第二个输入通道。

(4) 选择完传感器之后,按下"ESC"按钮,箭头光标将指向速率命令。

(5) 利用前进"▶"和后退"◀"箭头按钮设置速率为"RATE=Every sec"。

(6) 接着按下回车按钮和前进"▶"和后退"◀"箭头按钮,分别将样本数和显示类型设置为"SAMPLES=1000,DISPLAY=numeric"。

(7) 设置完毕后,将光标移至"START"处,按下前进箭头按钮"▶"开始记录数据。

(8) 记录结束后,按"ESC"按钮停止记录,或者按"off"按钮,关闭仪器。

2. DaqLab 软件操作步骤

(1) 安装 DaqLab 软件,将 DaqPRO 连接到电脑,打开 DaqPRO,插入热电偶,运行 DaqLab 软件。

(2) 单击工具条上的运行按钮![], 开始记录数据。

(3) 数据记录完毕后,单击工具条上的停止按钮"STOP"随时停止数据记录。

(4) 实验数据可通过直接点击保存按钮![], 保存所有的数据集和图形,也可以通过点击菜单栏中"File→Export Project to Excel",将项目保存为 Excel 电子表格的形式。

3. 测量开始

(1) 开启通风系统,开启锥形量热仪并调节锥形加热器温度以到达指定的辐射热流,并记录热流值。

(2) 制作实验样品(同锥形量热仪实验),记录样品尺寸、质量、颜色、材料及其他特征。

(3) 选择热电偶,并调试数据采集系统或软件。

(4) 将样品(预先装好在样品盒内)、热电偶都安置好,使热电偶与样品表面接触。

(5) 开启记录温度数据的同时打开锥形加热器、点火器(点燃后移开点火器)。

(6) 燃烧结束后,关闭锥形加热器,撤下样品盒及热电偶,结束软件记录,检查所记录数据,并导出数据。

(7) 实验结束后打扫样品、废弃材料等垃圾,请指导老师或实验员关闭锥形量热仪、通风等,检查水电等,离开实验室。

五、实验数据记录及处理

进行实验数据处理,绘制所测试的温度曲线并确定点燃特征温度,编写实验报告。注意观察点燃前后可燃物的现象并记录。

做图曲线(图3-10)举例如下:

以两种不同厚度的纸板进行实验,厚纸板为5mm厚,薄纸板为2mm厚。

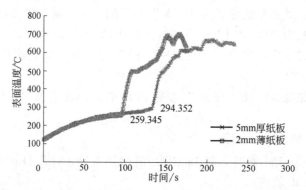

图3-10　$30kW/m^2$ 辐射功率下不同厚度纸板的表面温度曲线

实验数据曲线很有规律性,采用热电偶测试固体材料表面燃烧温度可行,可以根据曲线转折点大致得到材料点燃温度数据。

由图中曲线转折点处可见,厚纸板的点燃温度大约为294℃,薄纸板的点燃温度大约为259℃;燃烧过程中薄纸板的最高温度约为700℃,厚纸板的最高温度约为670℃;厚纸板的燃烧时间大于薄纸板的。

实验报告要求:

① 要求标明实验样品的材质、颜色、外观等特征以及实验测试条件如辐射

功率、是否强制点燃、是否加框等。

② 要求记录样品初始质量（去铝箔）、点燃时间等参数。

③ 要求记录实验过程中所观察到的实验现象。

④ 要求以图的形式反映实验数据结果，不能只是列出数据表。

⑤ 有实验总结或心得。

六、实验注意事项

1. 首次使用 DaqPRO 或者仪器电量不足时，请在关闭状态下充电 10～12h。
2. 热电偶具有不同的极性，接线时应以正确的极性连接它们。
3. 正式实验时，在主菜单屏幕选定图标"lıl."，按按钮即开始记录数据。
4. 操作过程中，按下"off"按钮不会删除样本内存。存储在内存中的数据可以最多保留 5 年的时间。

七、思考题

1. 辐射功率不同对点燃时间、点燃温度有何影响？为什么？
2. 点燃温度参数在火灾模拟中有何作用，如何应用？

第四节 典型聚合物固体内部温度场分析实验

一、实验目的

1. 掌握典型聚合物燃烧过程中固体内部温度场的变化规律。
2. 熟悉运用高灵敏度热电偶测量固体内部温度分布的方法和操作。
3. 明确研究固体内部温度场的意义。
4. 了解线性裂解概念，并明确其对聚合物燃烧研究的重要意义。

二、实验原理

聚合物是典型的可燃材料，多数为固体可燃物。在现代生活中，聚合物已经在很多方面代替传统材料，广泛应用于人类的生产和生活中。大量使用的聚合物材料多数是可燃和易燃固体材料，已经成为引发现代火灾，特别是城市火灾和建筑物火灾的主要着火材料。因此对聚合物燃烧的研究以及火灾危险性的评估，已然为材料领域、火灾科学领域和安全工程领域等多个领域所重视。在实际火灾中，聚合物等易燃材料暴露在较强的热流条件下，因为辐射、对流、传导等热传递过程，导致材料表面温度开始升高，当接近分解温度时，聚合物开始分解。因为热流强度较大，材料表面的温度与内部的温度相差很大。通过锥形量热仪燃烧实验，可测得一定辐射功率下，点燃时刻聚合物的温度分布，在聚合物燃烧表面温度梯度很大，可达 100～200℃。因此提出一新的概念，即线性裂解。线性裂解表示燃烧过程中聚合物内表面处有一极大的温度梯度，因而导致很薄的表面裂解，有一线性的裂解面，即裂解前沿。如图 3-11 所示。

通过应用锥形量热仪测量、跟踪聚合物及其复合物燃烧过程中的温度分布，能够更好地理解聚合物燃烧特有的"线性裂解"概念，能够为验证聚合物材料表面热分解速度、燃烧速度提供了直接的实验验证的手段，可以更加直观和实际地应用于模拟研究结果。在此基础之上能够建立聚合物在燃烧条件下的热解模型。通过"线性裂解"的概念使聚合物不稳定燃烧过程中实验表征方法与模拟模型能更好地相关联。

本实验即将热电偶测温端从样品下端向上插入样品内部，连同样品一起放入试样燃烧盒内，通过燃烧盒-样品-热电偶的组合，通过锥形加热器热辐射加热，以高灵敏度热电偶测量、多通道采集仪实时记录固体材料内部温度分布。

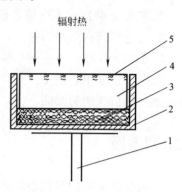

图 3-11　线性裂解模式
1—称重传感器；2—样品盒；3—绝热层；
4—聚合物；5—裂解峰面

三、实验装置及样品

1. 样品制备

（1）选择合适的材料作为测试样品，例如聚甲基丙烯酸甲酯、松木等，尺寸为长×宽为 100mm×100mm，厚度大于 10mm。

（2）在固体材料样品底部不同位置钻孔多个，最好均匀分布；深度不同，从底部到样品表面，接近表面的上部分布点多些。

（3）样品最好选用 20mm 或更厚的热厚样品。

2. 实验装置及附件

（1）锥形加热器：使用锥形量热仪上原有配置的燃烧测试装置，包括集烟罩、锥形加热器、称重装置等。

（2）试样样品盒：样品盒内需放置耐燃、隔热的材料垫于样品下，以隔绝热量传递给质量传感器，也方便固定测温的热电偶。衬垫材料厚度符合放置样品后燃烧时样品表面距离锥形加热器应有的标准高度。

（3）高灵敏度热电偶：8～12只或更多高灵敏度热电偶，测温范围：室温—1000℃。热电偶安装时需弯曲插入试样内部的钻孔内，测试过程中需固定保障数据采集的正确。

（4）多通道采集仪：有多个端口，可同时采集多组数据，能够与计算机连接，直接记录数据。

实验测试过程示意图和试样安装示意图，见图3-12和图3-13所示。

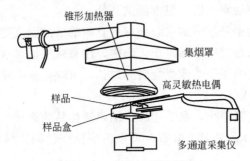

图3-12 实验过程示意图

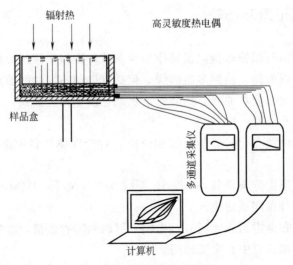

图3-13 样品安装示意图

四、实验步骤

1. 锥形量热仪开机，预热1h，锥形加热器升温至实验所需的设定温度。所有操作遵循锥形量热仪标准操作步骤。

2. 同时样品内部钻孔，制备好样品，连接所有装置。

3. 多通道采集仪、计算机、锥形量热仪、软件操作、文件建立、样品盒等全部准备就绪。

4. 样品称重后，安装好热电偶，注意仔细测量钻孔深度，安装好热电偶后反复校正热电偶测量的位置，务必记录清楚热电偶和钻孔深度以及采集通道的匹配。

5. 调整好样品盒、热电偶，测试样品整体部件放于称量装置上，即可以开始测试。

6. 打开挡板，转动点火器，温度测试开始。

7. 整个测量过程中仔细观察聚合物材料点燃前后的温度变化，燃烧过程中部分热电偶会因为样品燃耗完毕暴露于火焰中，注意观察记录这些现象的时间点。

8. 从开始测试至燃烧完毕或燃烧时间过长，可规定一个样品的测试时间最长为 20min，视情况而定。

9. 燃烧结束或实验停止，取下样品，结束该样品的测试。

10. 对比不同种样品的温度分布，可取需要比较的固体材料，按照以上实验步骤重复操作即可。

五、实验数据记录及处理

1. 数据的输出遵循锥形量热仪操作步骤中软件操作步骤的数据导出操作。

2. 将多组数据做图，绘制多组曲线，包括点燃前不同时间节点不同深度温度梯度曲线，点燃时温度场曲线，燃烧稳定状态下温度梯度曲线，火焰熄灭后不同时间节点温度分布曲线。

3. 通过不同曲线变化趋势的比较和分析，讨论固体材料内部温度分布情况，并给出结论。

4. 试验样品温度分布曲线举例，图 3-14 为 20mm 厚 PMMA 纯样材料测试的样品内部温度分布测试曲线。

样品温度分布测定为温度场分析提供了可靠的实验数据，在聚合物固体内部热传递过程的模拟研究中有重要作用。

六、实验注意事项

1. 务必记录清楚热电偶和钻孔深度以及采集通道的匹配。
2. 钻孔深度要仔细测量。
3. 靠近样品受热上半部分布点最好多一点。
4. 测定过程中热电偶务必固定住，不能松动，否则数据不正确，误差太大。
5. 燃烧过程中，某些热电偶端头，可能随着燃烧的进行会逐渐暴露于火焰

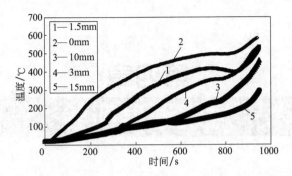

图 3-14　PMMA 在锥形量热仪条件下燃烧过程中样品内部温度分布图
(图中曲线标注数值表示温度测试点离燃烧表面的距离)

中,注意记录时间节点。

七、思考题

1. 测量样品内部温度分布,样品部分需要做哪些准备?
2. 实验过程中容易出现哪些问题?如何解决?
3. 为什么实验中布点不是均匀分布?可不可以均匀分布热电偶的测量深度?
4. 测量固体材料内部温度分布有什么重要意义?

第四章
燃烧速度实验

第一节 可燃物燃烧速度概述

燃烧速度是指在单位时间、单位体积内所消耗的可燃物的量。对不同状态的可燃物而言,燃烧形式不同,燃烧速度的表达方式也不同。

一、燃烧速度表示法

1. 可燃气体燃烧速度表示法

对于扩散燃烧,燃烧速度通常用通过单位面积上的气体流量来表示(实际就是气体扩散流速),单位为 $m^3/(m^2 \cdot s)$ 或 $cm^3/(cm^2 \cdot s)$;对于动力燃烧,通常用火焰传播速度表示,单位为 m/s 或 cm/s。

2. 可燃液体燃烧速度表示法

可燃液体燃烧速度有两种表示方法,燃烧重量速度和燃烧线速度。燃烧重量速度,即单位时间内在单位面积上烧掉液体的重量,单位为 $kg/(m^2 \cdot h)$ 或 $g/(cm^2 \cdot min)$;燃烧线速度,即单位时间内烧掉的液层高度,单位为 mm/min 或 cm/h。

3. 可燃固体燃烧速度表示法

可燃固体的表示方法和液体一样,有两种表示方法,燃烧重量速度和燃烧线速度。

燃烧速度并非固有常数,受许多因素诸如温度、压力、容器大小等的影响。

二、气体燃烧速度

气体燃烧不需熔化、蒸发等过程,常温下即具备气态的燃烧条件,所以燃烧速度很快。气体燃烧速度与气体分子组成、结构、放热等因素有关,一般来说,组成和结构简单,放热多的气体燃烧速度快。动力燃烧速度一般比扩散燃烧速度快得多。气体燃烧速度常以火焰传播速度来衡量。表4-1列出部分可燃气与空气混合物在直径为25.4mm的管道中火焰传播速度的实验数据。

表4-1 部分可燃气体-空气混合气的火焰传播速度

气体名称	体积分数/%	最大火焰传播速度/(m/s)	气体名称	体积分数/%	最大火焰传播速度/(m/s)
氢气	38.5	4.83	丁烷	3.6	0.82
一氧化碳	45.0	1.25	乙烯	7.1	1.42
甲烷	9.8	0.67	炼焦煤气	17.0	1.7
乙烷	6.5	0.85	焦炭发生煤气	48.5	0.73
丙烷	4.6	0.82	水煤气	43	3.1

在一定条件下,燃烧速度对于可燃性气体是一个固定常数。一般可燃性气体,常温下的燃烧速度为40~50cm/s,而氢、乙炔等气体的燃烧速度则大得多。气体燃烧速度(火焰传播速度)受初温、可燃气浓度、混合气中惰性气体浓度、测试管的管径等因素影响。通过研究表明,火焰传播的最大速度不在化学当量浓度时,而是稍高于化学当量浓度;混合气初温越低,惰性气体的浓度越高,热容越大,火焰传播速度会降低;管径增加火焰传播增大,达到某极限直径时不再增大,当管径减小,火焰传播速度减小,小到某一极限直径时,火焰便不再传播。

三、液体燃烧速度

液体燃烧速度不是固定不变的,受多种因素影响。

1. 液面接受热量

液面接受热量即燃烧区(火焰锋面)传递给液体的热量。火焰锋面的热量主要是以辐射形式传递给液面。其他条件不变,液面接受热量越多,燃烧速度越快。

2. 液体初温

液体初温越高,液体蒸发速度越快,燃烧速度越快。

3. 储罐直径

对立式圆柱形容器而言:

(1)储罐直径很小(<3cm)时,液体燃烧界面接受的热量以壁面传导为

主，火焰为层流状态，燃烧速度随直径增大而减小，液面接受热量减小，蒸发减慢；

（2）储罐直径在 3～100cm 时，燃烧速度处于过渡期，先减小后增大；

（3）储罐直径为 10cm 时，燃烧速度最小；

（4）储罐直径大于 100cm 时，火焰为湍流状态，液面接受热量主要以火焰热辐射为主，燃烧速度趋于稳定，不随直径变化。

4. 水含量

可燃液体，主要是石油产品，水分含量增大，燃烧速度减小。

5. 风速

风速大时，火焰温度高，液面接受热量多，燃烧速度增大。

四、固体燃烧速度

固体燃烧速度一般要小于可燃气体和液体，特别是有些固体的燃烧过程需要经历熔化、蒸发、分解再氧化燃烧，所以速度慢。

固体燃烧速度和固体的化学成分、组成、物理结构、密度、含水量和比表面积等因素有关。比表面积越大，燃烧速度越快；固体密度越大，含水量越多，燃烧速度越慢。

第二节　可燃液体燃烧速度实验

一、实验目的

1. 掌握实验测量可燃液体燃烧速度的原理和方法。
2. 熟悉液体燃烧速度的主要影响因素。
3. 掌握某因素对液体燃烧速度的影响规律及测定方法。
4. 熟练掌握可燃液体燃烧速度的不同表示法和应用。

二、实验原理

可燃液体一旦着火并完成液面上的传播过程，就进入稳定燃烧状态。液体的稳定燃烧一般呈水平平面的"池状"燃烧形式。也有一些呈"流动"燃烧的形式。池状燃烧的燃烧速度有两种表示方法，即线速度和重量速度。

（1）燃烧线速度 v（mm/h）　单位时间内燃烧掉的液层厚度。可以表示为：

$v=H/t$。式中，H 为液体燃烧掉的厚度，mm；t 为液体燃烧所需时间，h。

（2）重量燃烧速度［$kg/(m^2 \cdot h)$］　单位时间内单位面积燃烧的液体的质量，可以表示为：$G=g/(st)$。式中，g 为燃烧掉的液体质量，kg；s 为液面的面积，m^2。

（3）液体重量燃烧速度与线速度关系　$G=g/s(v/H)=\rho V/1000$

在油池火中，一般常用油面的下降速度表示油池火的燃烧速度。

液体燃烧速度取决于液体的蒸发速度。蒸发所需热量来自燃烧的辐射热，即液面接收到的热量，所有影响蒸发的因素均影响液体燃烧速度。因此液体热容、蒸发潜热、火焰辐射能力、液体初温、风速、含水量和储罐直径等都是影响液体燃烧速度的主要因素。辐射热量多、初温高、风速大、含水量少，液体燃烧速度大。图 4-1 为液体线速度随储罐直径的变化规律。可见容器直径小于 10cm 时，液体燃烧速度随直径的增大而减小，直径为 10~80cm，液体燃烧速度随直径的增大而增大。

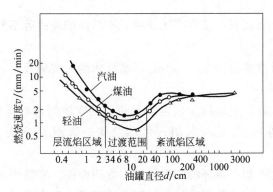

图 4-1　液体燃烧速度随储罐直径的变化

三、实验装置及样品

图 4-2 所示为液体燃烧速度测定装置示意图。根据实验台高度，可选择使用三脚架、铁架台等固定装置以保证测定装置的稳固性、可操作性和液面的水平。

测定时，容器和滴定管中都装满可燃液体，液体因燃烧而逐渐下降，但可利用滴定管逐渐上升而多出的液体来补充烧掉的液体，使液面始终保持在 0—0 线上。记录下燃烧时间和滴定管上升的体积，即可算出可燃液体的燃烧速度。

实验样品可选：乙醇、水等。试样可使用纯乙醇，也可使用已知含水量的纯乙醇，并可对比分析含水量对燃烧速度的影响。

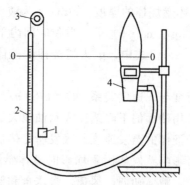

图 4-2 液体燃烧速度测定装置示意图
1—重锤；2—滴定管；3—滑轮；4—直径为 62mm 的石英容器

四、实验步骤

（1）连接好燃烧装置，检查有无泄漏，不稳固的连接等不安全状况，确定装置处于稳定状态。

（2）用量筒量取适量如 25～50mL 可燃液体倒入玻璃管内，水平读数，确定滴定管内液体体积。

（3）用烧杯和量筒量取适量预定体积的可燃液体倒入石英燃烧杯中（满杯、半杯、少于半杯等），并记录所倒入可燃液体的体积 V 和石英杯内液体的高度 H。

（4）调整连通管和石英杯的相对位置，方便操作。实验中玻璃管必须始终保持垂直状态且稳固，管内液面在操作过程中始终保持垂直状态。

（5）点燃石英杯内可燃液体，通过及时移动连通玻璃管的位置，保持石英杯内液面位置的恒定。实时记录时间并计算消耗的液体体积。如燃烧速度过快或不便计算，可在燃烧接近结束时，及时用移液管、吸耳球移液适量，保证燃烧消耗总体积方便计算，实时记录燃烧现象和时间。

（6）测定石英杯盛装满杯和半杯可燃液体条件下，燃烧一定体积可燃液体的理论燃烧速度——线速度 v_{L1}，v_{L2}，质量速度 G_1，G_2。

（7）配制不同含水量的乙醇溶液（可燃），重复以上满杯状态条件的燃烧过程，通过计算、分析和比较所得燃烧速度，掌握含水量对乙醇燃烧速度的影响规律。

五、实验数据记录与处理

参考样式如表 4-2 所示。

表 4-2　实验数据记录与结果处理

数据记录				
现象记录				
操作记录				
实验总结				

绘制表格记录数据，并将计算过程也写入实验报告内。

六、实验注意事项

1. 操作过程中不得打闹。

2. 小心仔细不要将易燃液体沾染或泼洒在人身和衣物及实验台附近，严禁易燃液体的泼洒、溅落等泄漏行为。

3. 注意燃烧杯附近不得有可燃物。

七、思考题

1. 不同测定方法所得液体燃烧速度是否相同？为什么？

2. 通过实验对液体燃烧速度的理解有何认识？两种表示方法如何应用？

第三节　油品热波传播速度实验

一、实验目的

1. 通过实验直观认识并理解可燃液体的池火和油罐火灾的燃烧过程。

2. 掌握重质油品燃烧时热量在液层中的传播特点。

3. 掌握实验测定热波传播速度的操作方法和原理。

4. 明确热波传播速度是扑救重质油品火灾时的重要参数。

二、实验原理

1. 沸程较宽的混合液体的热量传播特性——热波特性

在油池火灾中,一般常用油面下降的速度表示油池火的燃烧速度(单位时间,单位面积上的燃料消耗量)。沸程较宽的混合液体主要是一些重质油品,如原油、蜡油、沥青、润滑油等,由于没有固定的沸点,在燃烧过程中,火焰向液面传递的热量首先使低沸点组分蒸发并进入燃烧区燃烧而沸点较高的重质部分则携带在表面接受的热量向液体深层沉降,形成一个热的锋面向液体深层传播,逐渐深入并加热冷的液层。这一现象称为液体的热波特性,热的锋面称为热波。热波在液层中向下移动的速度称为热波传播速度。如表 4-3 所示。

表 4-3 原油热波传播速度与燃烧线速度

油 品	热波传播速度 v_t/(m/h)		燃烧线速度 v_o/(m/h)
	水量<0.3%	含水量>0.3%	
轻质原油	0.3~0.9	0.43~1.27	0.102~0.6
重质原油	0.5~0.75	0.3~1.27	0.075~0.13

2. 油罐火灾的发生及发展

绝大多数油罐火灾是由火花(明火、静电、雷电及工业电火花)引起罐内油蒸气和空气的混合气爆炸而起火的。通常发生在油罐泵油过程中,即油处于低或中液位时。油罐火灾中主要是原油罐和汽油罐着火,而原油罐着火情况更多。油罐火灾形成的浓烟、烈火、高温以及爆炸,使油罐火灾的扑救非常困难。通常油罐爆炸后,罐顶全部或部分被掀掉,油罐像一个巨大的金属壁燃烧杯,罐内油温基本等于原始温度,而且是均匀的。

火焰加热油的表面使油迅速蒸发,油蒸气相对密度小因浮力而形成上升气流,上升气流在油罐内形成局部低压,周围空气被吸入油罐与油蒸气混合燃烧形成火舌,随火势增强,火焰对油面的热辐射也增强。油面接受热量增多,产生更多油蒸气,进一步增强火势和上升气流的速度。这就是油罐一旦爆炸着火后其火势异常迅猛的原因。实践表明,油罐火在燃烧持续一段时间后,燃烧速度有增大逐渐转为稳定,后随液位下降燃烧速度逐渐减小。

随燃烧时间增加,油层内被加热层厚度逐渐增加。已加热区与有的未被加热区之间的过渡区很薄,温度梯度很大。油层内温度变化如图 4-3 所示。

T_s 和 T_0 分别是油面温度和油底温度(即原油温度);v_a 和 v_w 分别是油面下降速度(即燃烧速度)和已加热层向深部的发展速度。在火焰底部和油面之间存在一个中间层,由油蒸气、烟和燃烧产物以及穿透火焰进入该层的空气组成。

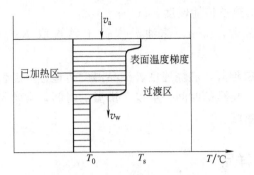

图 4-3　油层内部温度分布图

进入的烟越多,中间层的"灰度"增加,随油面下降,中间层厚度 h 增大,中间层对火焰辐射热的"热屏蔽作用"越明显。中间层内沿高度方向上的温度分布是非线性的,距火焰底部 x 处的温度 T_x（℃）可表示为：

$$T_x = T_f - (T_f - T_s) \times \frac{1 - h^{-\lambda x}}{1 - h^{\lambda x}}$$

式中　T_f——火焰温度,℃；

　　　T_s——油面温度,℃；

　　　h——中间层厚度,m；

　　　x——距火焰底部 x 处的中间层,m；

　　　λ——油蒸气的流速与燃气的扩散速度之比。

3. 热波传播速度的应用

热波的初始温度等于液面的温度,等于该时刻原油中最轻组分的沸点。随着原油的连续燃烧,液面蒸发组分的沸点越来越高,热波的温度会由 150℃ 逐渐上升到 315℃,比水的沸点高得多。热波在液层中向下移动的速度称为热波传播速度,它比液体的直线燃烧速度快。在已知某种油品的热波传播速度后,就可以根据燃烧时间估算液体内部高温层的厚度,进而判断含水的重质油品发生沸溢和喷溅。因此,热波传播速度是扑救重质油品火灾时的重要参数。

影响喷溅时间的主要因素有热波传播速度及油品燃烧速度等。油罐从起火到喷溅的时间与油层厚度成正比,与燃烧的速度和热波传播的速度成反比。同时还有油品性质、含水量、敞口燃烧面积。一般按照下面经验公式进行估算：

$$T = \frac{H - h}{v_o + v_t} - KH$$

式中　T——预计发生喷溅的时间,h；

　　　H——储罐液面高度,m；

　　　h——储罐水垫层高度,m；

　　　v_o——原油燃烧的线速度,m/h；

v_t——原油的热波传播速度，m/h；

K——提前常数，h/m，储油温度低于燃点取 $K=0$，高于燃点取 $K=0.1$。

上式说明，油层越薄，燃烧速度、油品温度传递速度越快，越能在起火后较短时间内发生喷溅。喷溅的时间一般晚于沸溢的时间，常常是先发生沸溢，间隔一段时间，再发生喷溅。

三、实验装置及样品

自制自组装装置：燃烧筒（带盖），多个高灵敏度热电偶，多通道数据采集仪，电脑记录，点火器，连接线。将热电偶固定在燃烧筒不同高度的位置，连接数据采集仪、热电偶、电脑。样品为自制混合油。实验装置示意图如图 4-4 所示。

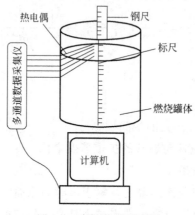

图 4-4 实验装置示意图

四、实验步骤

1. 连接好燃烧装置，检查有无泄漏，不稳固的连接等不安全状况，确定装置处于稳定状态。

2. 倒入混合油前，对燃烧筒的尺寸做详细测量，热电偶和采集仪通道检查没有问题，方可实验，否则由于通道初始连接导致数据记录失败。判断热电偶位置处于设定高度位置上。偏离误差不可过大。

3. 根据油量，预估混合油的燃烧时间和下降高度，以便实验中做对比判断。

4. 倒入混合油，记录油面的尺寸和油层高度。

5. 点燃混合油，同时采集数据进行记录。

6. 燃烧过程中观察燃烧现象并详细记录油层温度变化与现象之间的关系。

7. 根据数据记录的温度值，判断热波出现的可能时间，计算推导燃烧时间和热波传播速度。

8. 测试完毕后，用燃烧桶盖盖住燃烧筒使其自熄，不要立即拿开观测液面下降高度，需等燃烧筒内油温下降后方可观测。

9. 记录实验中所有可能记录的数据点和现象。

10. 观测消耗油量后，用测温计测量油温，进行下一轮实验：半桶混合油燃烧，初始温度为高温条件下混合油层温度变化的测定。

五、实验数据记录与处理

实验数据记录与结果处理如表 4-4 所示。

表 4-4 实验数据记录与结果处理

数据记录				
现象描述				
总结				

部分曲线举例如图 4-5 和图 4-6 所示。

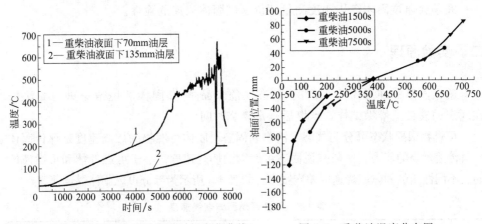

图 4-5 重柴油油层和水层温度随时间变化曲线　　图 4-6 重柴油温度分布图

六、实验注意事项

1. 远离火源，预防喷溅和沸溢。

2. 因燃烧时间较长,通风橱必须一开始就打开。

3. 实验过程中门不得关闭,相邻燃烧筒的窗户关闭。

4. 卷帘门半关足够观察现象即可。

5. 一旦发生火灾,立刻用灭火器灭火。

6. 实验完毕后用燃烧桶盖盖住燃烧筒,不要立即拿开观测液面下降高度,以防突发复燃,造成人员伤亡。

七、思考题

1. 什么是热波?什么是热波传播速度?
2. 测量热波传播速度有什么重要意义?

第四节　可燃固体燃烧速度实验

一、实验目的

1. 掌握固体燃烧速度测定装置测定易燃固体燃烧速度的操作方法。
2. 掌握易燃固体点燃后传播燃烧的能力的评价方法。
3. 学会通过固体燃烧速度测量评价易燃固体火灾危险性。

二、实验原理

遵循国家标准 GB/T 21618—2008《危险品 易燃固体燃烧速率试验方法》,在规定的模具上堆垛试样,点燃后确定燃烧时间。

可燃物根据状态可分为气态、液态和固态。固体可燃物的燃烧速度是评价固体材料传播燃烧的能力。一般来说固态可燃物的燃烧速度,小于可燃气体和可燃液体的。不同性质的固体燃烧速度差别很大。如表 4-5 所示为部分可燃固体燃烧速度。

表 4-5　部分可燃固体燃烧速度

物质名称	燃烧的平均速度/[kg/(m²·h)]	物质名称	燃烧的平均速度/[kg/(m²·h)]
木材(含水 14%)	50	棉花(含水 6%~8%)	8.5
天然橡胶	30	聚苯乙烯	30

续表

物质名称	燃烧的平均速度 /[kg/(m² · h)]	物质名称	燃烧的平均速度 /[kg/(m² · h)]
人造橡胶	24	纸张	24
布质电胶木	32	有机玻璃	41.5
酚醛树脂	10	人造短纤维(含水6%)	21.6

影响固体燃烧速度的主要因素有以下几种。

1. 易燃固体密度

燃烧速度可以理解为可燃物质在单位时间内的质量损失。易燃固体密度越大，燃烧速度越小。

2. 固体含水量

固体含水量越高，燃烧速度越小。

3. 比表面积

比表面积即固体的表面积与其体积之比。固体粒度不同、几何形状不同，其比表面积也不同。比表面积大，燃烧时单位体积固体承受的热量就大，燃烧速度就大。

4. 初温

初温高，燃烧速度快。

三、实验装置与样品

GB/T 21618—2008《危险品 易燃固体燃烧速率试验方法》中规定了危险品易燃固体的燃烧速率实验的仪器与设备、操作步骤和结果的表示。燃烧速率实验装置用于确定物质传播燃烧的能力，将物质点燃后确定燃烧时间，适用于危险品颗粒状、糊状或粉状物质的燃烧速度的测定。

遵循标准：联合国《关于危险货物运输的建议书-试验和标准手册》33.2.1.4试验N.1易于燃烧固体的实验方法；GB/T 21618—2008《危险品 易燃固体燃烧速率试验方法》。

(1) 特制模具：长250mm，剖面为内高10mm、宽20mm的三角形。模具纵向两侧安装金属板，作为侧面界板，板比三角形剖面上边高出2mm，用于燃烧实验用的堆垛。

(2) 点火源，火焰最低温度为1000℃。

(3) 实验平板：不渗透、不燃烧、低导热，用于放置试样。

(4) 标尺（或直尺），秒表。

实验样品准备：制备粉末状、颗粒状、糊状或膏状试样。若实验样品状态不易堆垛，则应在不改变其燃烧危险性的基础上进行预处理，制备成容易堆垛的形态。如图 4-7 所示为燃烧速率实验堆垛模具示意图和附件剖面图。

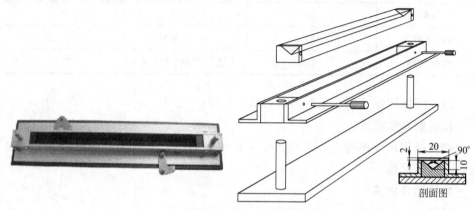

图 4-7　燃烧速率实验堆垛模具示意图和附件剖面图

四、实验步骤

1. 初步甄别实验

（1）将实验用粉状或颗粒状样品松散地装入模具。然后让模具从 20mm 高处跌落在硬表面上三次。将模具安放于冷的不渗透、低导热的平板上。

（2）使用任何合适的点火源，例如液化气喷嘴（最小直径 5mm）喷出的高温火焰（最低温度 1000℃），或小火源或最低温度为 1000℃ 的热金属线，烧样品带的一端，直到样品点燃，喷烧最长时间为 2min（金属或合金粉末为 5min）。

（3）注意观察燃烧能否在 2min（或金属粉为 20min）实验时间内沿着样品带蔓延 200mm。

（4）如果物质不能在 2min（或金属粉 20min）实验时间内点燃并沿着样品带着火焰或阴燃传播 200mm，那么该物质不应划为易燃固体，并且不需要进一步实验。

（5）如果物质在不到 2min 或金属粉在不到 20min 内传播蔓延了 200mm 长的样品带，则应进行燃烧速率实验以及润湿段阻止燃烧实验。

2. 燃烧速率测量实验

（1）同前述实验步骤相同，将实验用粉状或颗粒状样品松散地装入模具。然后让模具从 20mm 高处跌落在硬表面上三次。然后将侧板拆除，将不渗透、不燃烧、低导热的平板置于模具顶上，倒置后拿掉模具。如系潮湿敏感物质或含有易挥发物质，应在该物质从其容器取出之后尽快把实验做完。

（2）把样品带物质放在排烟柜的通风处。风速应足以防止烟雾逸进实验室，并在实验期间保持不变（可在装置周围设置挡风屏障）。

（3）使用任何合适的点火源，点火源选择如前所述。当堆垛燃烧了 80mm 距离时，注意观察、测量之后 100mm 的燃烧速率。实验应进行 6 次，每次均使用干净的不燃烧的凉板，除非更早观察到确定的结果。

3. 润湿段阻止燃烧实验

（1）对于金属粉以外的物质，应在 100mm 长的时间测定段之外 30～40mm 处将 1mL 的湿润溶液加在样品堆垛带上。

（2）将湿润溶液逐滴滴在脊上，确保样品带堆垛剖面全部湿润，液体没有从两边流失。

（3）有许多物质，水会从样品带的两边滚下，所以可能需要加湿润剂。所使用的湿润剂应是不含可燃溶剂的，湿润溶液中的活性物质总量不应超过 1%，这种液体可加在样品带顶上 3mm 深、直径 5mm 的穴中。

（4）用合适的点火源点燃样品带的一端。

（5）对于金属粉以外的物质，记下湿润段是否阻止火焰的传播至少 4min。实验应进行 6 次，每次均使用干净的凉板，除非在更早时候观察到确定的结果。

五、实验数据的处理

详细记录实验现象和所得的燃烧时间及燃烧速度（见表 4-6）。

表 4-6 实验数据的处理

样品名称	样品状态	燃烧时间	燃烧速度	实验现象	备注

实验判定标准及评价方法：

（1）实验样品（金属粉除外）在上述测量过程中有一次或者多次燃烧时间不到 45s 或者燃烧速率大于 2.2mm/s，则该固体具有易燃危险性，应划为 GB 6944—2012 中危险类别 4.1 项。

（2）金属或合金粉末如果能够被点燃，并且反应在 10min 内蔓延至试样全部长度，应划为 GB 6944—2012 中危险类别 4.1 项。

（3）易于燃烧的固体（金属粉除外），如燃烧时间小于 45s，且火焰通过润湿段，应划入Ⅱ类包装。

（4）金属或金属合金粉末，如反应段在 5min 内蔓延到试样全部长度，应划入Ⅱ类包装。

（5）易于燃烧的固体（金属粉除外），如果燃烧时间小于45s，且润湿段阻止火焰传播至少4min，应划入Ⅲ类包装。

（6）金属或金属合金粉末，如反应段在大于5min但小于10min内蔓延到试样全部长度，应划入Ⅲ类包装。

注：包装类别的含义见 GB/T 15098—2008《危险货物运输包装类别划分方法》。

Ⅰ类包装：盛装具有较大危险性的货物。
Ⅱ类包装：盛装具有中等危险性的货物。
Ⅲ类包装：盛装具有较小危险性的货物。

不同类别包装闪点（闭杯）及初沸点见表4-7。

表4-7 不同类别包装闪点（闭杯）及初沸点

包装类别	闪点（闭杯）	初沸点
Ⅰ类包装	—	≤35℃
Ⅱ类包装	<23℃	>35℃
Ⅲ类包装	≥23℃，≤60℃	35℃

注：沸点及闪点的测定方法参见 GB/T 261—2008，GB/T 616—2006，GB/T 5208—2008，GB/T 21615—2008，GB/T 21775—2008，GB/T 21789—2008。

六、实验注意事项

1. 为使燃烧平稳，点燃样品时火焰不要正对样品的一端，要倾斜一定的角度。

2. 若使用液化气点火源点燃液化气时，阀门不要开得太大，开到恰使火焰能够被点燃的位置，点燃后逐渐开大。

3. 点燃液化气时人应站在火焰侧面，不要正对火焰。

4. 当样品被点燃后，火焰应关到最小位置或关掉，使反应自行发生即可。

5. 实验完成后立即关掉液化气罐阀门。

6. 润湿段阻止燃烧实验中，湿润样品堆垛时，液体滴在样品带上，面积要尽量小，以免从两边流失。水若滚落，需要加润湿剂。

7. 实验样品必须处理为粉末状、颗粒状、糊状或膏状，否则影响实验结果。

8. 实验样品潮湿敏感，应尽快完成实验。

9. 实验过程中注意点火源和人的位置，防误操作烧伤。

七、思考题

1. 请作出固体燃烧速率测量实验过程示意图。
2. 固体燃烧速度的影响因素有哪些?
3. 固体燃烧速度实验中点火源有什么规定?
4. 固体燃烧速度测量实验的评价标准有哪些?
5. GB/T 15098—2008《危险货物运输包装类别划分方法》中如何依据固体燃烧速度判定包装分级的?

第五章 燃烧产物实验

第一节　燃烧烟气产物分析实验

一、实验目的

1. 明确测量烟气产物的意义，掌握烟气测量的实验原理。
2. 通过实验掌握测量燃料燃烧烟气产物的方法。
3. 熟练使用燃烧分析仪测量燃料燃烧过程中生成的烟气成分。
4. 通过分析燃烧过程中烟气成分随时间的变化规律深刻认识烟气的危害。

二、实验原理

火灾事故中，烟气是致人死亡的主要元凶，可达火灾死亡人数的50%～80%。燃料燃烧，会释放出大量的烟气，烟气中含有大量有毒有害的气体，如CO、N_xO_y、SO_2等，同时消耗大量的氧气，造成环境缺氧。当烟气中的含氧量低于正常所需的数值时，人的活动能力减弱、智力混乱，甚至晕倒窒息；当烟气中含有各种有毒气体的含量超过人正常生理所允许的最低浓度时，就会造成中毒死亡。CO气体极易与血液中的血红蛋白结合，使血红蛋白失去携氧功能，导致细胞缺氧中毒；NO气体对中枢神经系统有明显损害，且易引起高铁血红蛋白症；NO_2气体有很强的刺激性，易引起肺损伤；SO_2气体成酸性，对呼吸道有刺激性，易引起呼吸道疾病。

同时，烟气的减光性影响人员的安全疏散和火灾的施救，导致人的直视距离急剧缩短，使人员迷失方向，心理上产生恐慌。不同燃料燃烧，释放出的烟气成分也不同，火灾危险性也随之不同，相应的安全疏散、人员逃生和消防救援等措施必然实施的也不同。此外在燃烧过程中，烟气成分还会随着时间的推移而改变、点燃、燃烧和熄灭等各个阶段的产物成分会有所改变。

因此明确了解烟气成分，不仅能够准确掌握各种燃料燃烧时释放出的产物组成，有助于燃料燃烧过程的理论研究，还对火灾事故中的安全疏散、人员逃生和消防救援等多方面的指导给予更为安全的实际参考，具有非常大的理论意义和实际意义。表5-1给出的是人体对几种气体的耐受极限值。

表5-1　人体对几种气体的耐受极限值

有害环境和气体	环境中最大允许浓度/$\times 10^{-6}$	致人麻木极限浓度	致人死亡极限浓度
O_2	—	14%	6%
CO_2	5000	3%	20%
CO	50	2000×10^{-6}	13000×10^{-6}
NO_2	5	—	$(240 \sim 775) \times 10^{-6}$
SO_2	5	—	$(400 \sim 500) \times 10^{-6}$

工业上烟气的测量与分析，广泛用于控制工业排放、生产过程气体检测、锅炉的设计和调试等多个方面，能够对工厂设计、过程管理等，如火焰控制、燃烧温度、周边空气供应和燃料的选择等，具有实用、多效的实际作用。

三、实验装置及样品

1. 实验装置

M-9000燃烧分析仪、计算机、多通道数据采集仪；燃烧器、点火器、烧杯、量筒、铁架台或支撑架、钢尺、清洗布、火柴等。

2. 燃料试样

混合油、机械油、煤油等燃料。

3. 燃烧分析仪

图5-1为燃烧分析仪。M-9000燃烧分析仪是一种小型便携、快速分析、测量烟气成分的新型分析仪器，可同时测量排烟温度、烟气中的氧（O_2）、一氧化碳（CO）、二氧化硫（SO_2）、一氧化氮（NO）、二氧化氮（NO_2）、微压（ΔP）等参数，计算二氧化碳（CO_2）、氮氧化物（N_xO_y）、空气过剩系数（α）、$\alpha=1$时的一氧化碳值、燃烧效率（η）等。表5-2为M-9000燃烧分析仪的主要性能参数。

图 5-1 燃烧分析仪

表 5-2 M-9000 燃烧分析仪的主要性能参数

主要性能参数	测量范围	主要性能参数	测量范围
氧(O_2)	0~25%	$CO'(\alpha=1)$	$(0\sim9999)\times10^{-6}$
一氧化碳(CO)	$(0\sim4000)\times10^{-6}$	二氧化碳(CO_2)	0~20%(计算值)
二氧化硫(SO_2)	$(0\sim5000)\times10^{-6}$	二氧化氮(NO_2)	$(0\sim1500)\times10^{-6}$(计算值)
一氧化氮(NO)	$(0\sim1000)\times10^{-6}$	氮氧化物(N_xO_y)	$(0\sim1500)\times10^{-6}$(计算值)
室温(T_0)	−20~50℃	燃烧效率(η)	0~99.9%(计算值)
温差(ΔT)	0~600℃	过剩空气系数(α)	1~20.00(计算值)
压力(ΔP)	0~6000Pa		

四、实验步骤

1. 仪器准备

(1) 检查实验仪器是否完好,开启计算机,打开操作软件,并新建一个文件。

(2) 打开通风设施。

(3) 准备及开启。安装取样探头,将取样探头置于空气中。按开关(ON/OFF)键开启仪器。

(4) 自校。按"△"或"▽"键选择"自校"或"功能选择",按"⏎"键确定。

(5) 光标指向自校时,按"⏎"键,仪器就进入自校状态,采用倒计时来计量。自校时间为1min。自校完成后仪器进入测量状态。

（6）功能选择。当光标指向"功能选择"时，按"⏎"键，仪器将进入"功能选择"菜单。在功能选择菜单内可对仪器参数和功能进行选择和设定。

（7）测量。自校完成后仪器进入测量状态。燃烧仪显示屏可直接读出氧、一氧化碳、二氧化硫、一氧化氮及烟温度等测量参数的实时测量值。

2. 样品准备

（1）测量燃烧容器的尺寸：顶端直径d_1、底端直径d_2、高度h_0（如果形状特殊，需记录特殊尺寸），记录数据应能计算出不同体积液体的体积。

（2）用量筒量取 200mL、300mL 燃料置于燃烧器内，测量液面直径d、液面深度h_1、液面至容器顶端深度h_2。

3.安装取样探头，用点火器（自制点火器蘸少量酒精，火柴点燃）点燃燃料（注意施焰时间，点燃后撤离点火器），记录点燃时间$t_{点燃}$。点燃的同时开启数据同步采集。开始点火至燃料着火即为该燃料的点燃时间。

4.调节取样探头高度正好位于火焰上方的烟气内，当火焰稳定后，将探头使用铁架台或其他支撑材料固定住，记录探头高度H。

5.燃料燃烧的同时计算机同步记录燃烧烟气中成分变化情况。仔细观察燃烧现象并记录特殊现象 No.1、No.2、…及对应的时间点t_1、t_2、…，如火焰颜色的变化，火焰高度的改变，火焰形状，烟气颜色，火焰突然增大的时间点，火焰突然减小的时间点，并根据现场情况解释可能的原因。

6.本次实验结束，换另一种燃料重复做实验，注意观察燃烧现象特别是释放出的烟气的不同，同时做记录。

7.实验结束，停止采集数据。

8.关闭烟气分析仪。关闭通风、水电等。

9.将实验数据交由老师检查后，打扫完卫生，方可离开，否则实验平时成绩视为不及格。

五、实验数据记录与处理

U盘拷贝出数据，将数据导入 Excel 软件中，绘制参数对时间的曲线图并分析烟气温度、烟气中不同成分浓度随时间的变化，得出合理的结论［注意做图必须标准化，时间以秒（s）为单位，起点为0；图标名称、坐标轴名称和参数单位符合国际标准制单位要求］。

比较不同燃料、不同量燃烧烟气成分的变化及浓度的变化，对燃料的烟气危险性做出总结和比较结论（见表5-3）。

表 5-3　实验数据记录与结果处理

燃料名称	混合油				
燃烧器顶端直径 d_1		燃烧器底端直径 d_2		燃烧器高度 h_0	
液面直径 d		液面深度 h_1		液面至容器顶端深度 h_2	
点燃时间 $t_{点燃}$		探头高度 H		火焰高度	
燃烧现象及烟气变化记录					
t_1	No. 1			分析原因	
t_2	No. 2			分析原因	
t_3	No. 3			分析原因	
t_4	No. 4			分析原因	
t_5	No. 5			分析原因	
t_6	No. 6			分析原因	

总结：

六、使用维护与日常维护

1. 当仪器连续测试超过一个小时，请将仪器取样管与脱水器进口脱开，使仪器抽吸空气约 10min，这样可以延长传感器的寿命，同时还可以对仪器进行自校，以保证测量数据精确。

2. 仪器在使用中注意对脱水器进行检查，及时排除脱水器中冷凝水。

3. 脱水器还具有除尘、过滤的作用，因此必须注意观察一旦滤芯污染、堵塞应及时排水或更换滤芯。

4. 仪器在使用过程中，不可使探头浸入液体，吸入仪器。对被测气中含有大量水分的烟气，仪器进气口最好能再增加脱水装置。液体进入仪器会造成传感器失效。

七、思考题

1. 烟气的毒害作用有哪些？
2. 燃烧产物的组成主要有哪些？

3. 碳氢化合物燃烧产物的毒性主要是什么？
4. 聚合物的燃烧产物有哪些毒害作用？
5. 烟气测量的意义是什么？

第二节　燃烧烟密度实验

一、实验目的

1. 了解烟密度测定仪的原理。
2. 掌握烟密度测定仪的操作方法和步骤。
3. 能够测试样品的烟密度相关参数。
4. 分析比较样品的发烟性能。

二、实验原理

试样水平放置于测试箱内，并将试样的上表面暴露于恒定辐射强度设定在 $50kW/m^2$ 以内的热辐射源下。生成的烟被收集在装配有光度计的测试箱内，测量光束通过烟后的衰减，结果用比光密度表示。

三、实验装置及样品

1. 概述

塑料燃烧性烟密度测定仪（如图 5-2 所示）是依据国家标准 GB 8323.2—2008 中所规定的技术条件而研究制成的一种新型测定烟密度的测试设备，适用

图 5-2　烟密度测定仪

于测定塑料燃烧时所产生的烟雾的比光密度，并以最大比光密度为实验结果。它用于评定在规定条件下塑料的发烟性能。

符合 GB/T 8323.2—2008《塑料 烟生成 第2部分：单室法测定烟密度试验方法》以及 ISO 5659-2—2006《塑料 烟生成 第2部分：单室法测定光密度》。

整个仪器由密闭实验箱、光度计测量系统、辐射锥、燃烧系统、点火器、实验盒、支架、测温仪表以及烟密度测试软件组成；电路采用单片机编程开发，技术含量高、性能稳定。

该仪器结构合理、操作方便，适用于塑料材料燃烧而产生烟雾的过程中，测定穿过烟雾的平行光束的透过率变化，计算出在规定面积、光程长度下相应的光密度。

此仪器适用于所有的塑料，也适用于其他材料的评估（如橡胶、纺织品覆盖物、涂漆面、木材和其他材料），被塑料行业、固体材料行业的生产工厂以及科研实验单位广泛使用。

2. 主要技术指标及工作条件

测量范围：0.00001%～100%；（烟密度）0～924 六挡自动换挡。

测量精度：±3%。

工作电压：200～240V 50Hz。

环境温度：≤25℃。

相对湿度：≤85%。

可燃气源：纯度≥95%。

外形尺寸：长 1400mm，宽 810mm，高 1600mm。

烟箱尺寸：长（914±3）mm，宽（610±3）mm，高（914±3）mm。

尺寸不稳定材料，辐射锥底部间距试样表面距离为 25mm；对膨胀型材料预测试时，试样和辐射锥距离样品的距离为 50mm。

试样尺寸：长×宽：75mm×(75mm±1mm)，厚度 25mm±1mm；材料厚度大于 25mm 时，应将试样厚度加工至 25mm±1mm。每组 6 个试样，无引燃火焰测试 3 个；有引燃火焰测试 3 个。如用 2 种模式测试请准备 12 个试样，辐射照度为 25kW/m^2 为 6 个；辐射照度为 50kW/m^2 为 6 个。

3. 界面操作说明

双击桌面 sky.exe 执行程序，出现欢迎界面后单击任意位置，即出现主界面（如图 5-3 所示）。打开仪器面板上电源开关、光源开关，若通信正常，仪器便会将箱壁温度、透过率等实时数据传送给计算机，处理后会在对应的文字内显示。假若通信不成功，仪器 LED 数码管将会显示 123…ABCD 等初始数据，此时应检查串行线是否正确连接串行口 COM1 或 COM3。

初次使用应首先进行辐射锥辐射强度标定，单击主界面左上角"辐射锥标

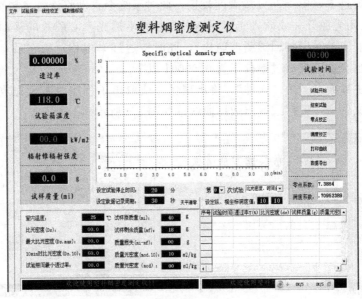

图 5-3 烟密度测定仪操作软件主界面

定",出现标定界面(如图 5-4 所示)。按下面板上的"辐射锥"按钮,调节面板上辐射锥温控表,并设置所需温度值,(加热温度一般为 700~750℃时,辐射照度约为 50kW/m^2)。设置完成等待时间 5~10min 不等,观察辐射锥温度表温度变化,温度达到所需要的温度后,将标定所用的辐射热流计挂上固定座上,同时点击界面上的"试验开始"键,待热流计输出稳定,观察辐射强度值,如偏移所需值,请适当调整辐射锥温控温度,如低于辐射照度,请把温度值调高,反之则调小。测试完成之后请迅速把热流计移除。以此方法,调整所需的辐射强度值。此项工作 3 个月至半年进行一次。

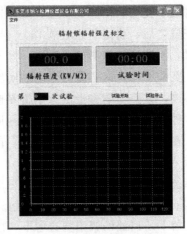

图 5-4 辐射锥标定界面

检查透过率，应＞70％按满度校正，此时系统会自动将透过率校正为100％±1％，关闭光源开关或插入光闸（将事先装有不透光实心胶片的活动光闸插入光源口中。实验时请装回透明玻璃片），此时待透过率值相对稳定后点击零点校正，系统也会自动将透过率校正为0.00001以下。

点击主界面左下角"文件"，将出现保存或取出子程序。实验完成，保存数据到指定文件夹，保存或取出数据曲线（如图5-5所示）。

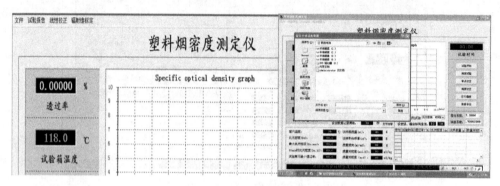

图 5-5　透过率设定界面

点击主界面左上角"试验报告"，打印实验报告。详细填写左侧表格内容，会相应得到右侧中的检验报表。

四、实验步骤

1. 实验前的操作

（1）将实验箱门关闭，按下"排气"开关，启动排风扇，将实验箱净化2min。如图5-6所示。

（2）擦拭试验箱内的上下光窗，清除试样盒、燃烧器和支架上的残余物（正确操作方式是每次实验完成之后，将进行上述操作）。当改变实验材料或实验箱内壁沉积的残余物较多时，当清理实验箱的内壁。

（3）测量试样的长、宽和厚度，并称重记录之。实验前请把配套装好的空白实验盒放在称重天平上称重，并点击软件上的天平清零按钮，待用。此时装入试样在放置于天平底下，软件显示的质量即为试样的实际质量。

（4）用一张完整的厚度约0.04mm的铝箔覆盖试样背面，并越过试样边缘包到实验面的周边上，装入试样盒内。然后用一块75mm×75mm×10mm的石棉板做背衬，用耐火纤维毡做衬垫放入试样盒底部，把试样和背衬固定在试样盒内。如果试样厚度大于25mm，只用耐火纤维毡做衬垫。试样固定好后，切除露在实验面上的多余铝箔，留下缺口处的铝箔向边弯下，以便试样暴露在辐射锥的辐射面上。

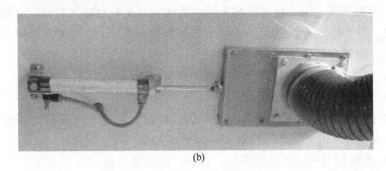

图 5-6 进气口(位于仪器的左上面)(a)和排气口(位于仪器的右下角)(b)

(5) 实验时,点火器的喷嘴垂直固定在试样盒右侧边缘中间的上方,离辐射锥底面约 15mm,高出试样盒边缘约 10mm,火焰可水平延伸到试样中心的上方(已固定好,一般不用再调整)。

(6) 未进行实验时,应将装有石棉板的空白试样盒安放在支架上。

2. 开始实验

(1) 接通电源,打开辐射锥开关,设置辐射锥温度(加热温度一般为 700～750℃时,辐射照度约为 $50kW/m^2$),将主机预热 10min。关闭排气口和实验箱门。

(2) 在打开仪器主机光源开关前,点击界面上的透光率零点校正,让透过率校准为零,再打开光源后点击满读校正让透过率校准到 100%。或用装有不透光实心胶片的活动光闸(实验时请把不透光胶片卸下即可)阻挡平行光束,使仪器显示透过率为 0;移开光闸,使仪器显示透过率为 100%(操作前请用棉布蘸上酒精擦拭上、下光窗)。

(3) 待辐射强度稳定到规定值后,开始进行实验。此时实验箱内壁的温度应为 (35±2)℃。

(4) 调节点火器,刚开始可以先通一下燃气,让燃气管里面确定有充足的燃气进入,按点火按钮,点燃燃烧器,调节燃气流量为 50mL/min,此时并把空气流量调节为 100mL/min,观察火焰情况,待确定好后待用。

（5）用装好的实验盒取代支架上的空白试样盒，迅速关闭实验箱门，点击主界面的运行键，并立即关闭排气口。

（6）记录透过率和时间的关系曲线。透过率指示值每降低到该挡满量程的10%时，会自动立即转换到下一量程。

（7）记录透过率降低到0.01%以下时，要用不透光的遮光物遮住实验箱门上的观察口。

（8）当透过率出现最小值或未出现最小值而实验已进行到10min时，均再进行2min实验。抓取最小透过率值或10min时的透过率值T_M。

（9）实验完成，请迅速排除实验箱内的烟雾，此时将排气打开，并按下"排气"开关。并关闭气源，熄灭燃烧器火焰。排烟约2min后，请立即用空白试样盒取代已经测试的试样盒。

（10）继续排烟，直到透过率达到最大，该透过率值为T_c。

（11）实验结束后，继续排烟5min。

（12）实验后的残余试样冷却到室温后，称重。擦净上下光窗。注意观察透光率是否在100%，否则进行校正（电脑界面上的"满度校正"）。

（13）重复对下一试样进行实验，直到一组测试结束。

（14）进行有焰燃烧实验时，调节丙烷流量为50cm^3/min，空气流量为100cm^3/min，再进行点火。

（15）开气路：打开气泵及燃气阀（二者压力都不要大于表压0.1MPa），分别将流量计阀门关小，使流量计读数分别符合需要值，等半分钟左右，待燃气达到燃烧器，即可按下"点火"按键点着着火器。

五、实验数据记录与处理

每组要求选取两种样品分别进行有焰和无焰模式测试。测试完毕导出数据，绘制曲线。获得各项烟密度参数，并通过比较结果分析和评价试样的生烟过程。

六、仪器的安全注意事项

1. 仪器背后及两侧留有空间（离墙至少0.8m），以便仪器的维护、保养。

2. 压缩空气源：气源容量应大于3L/min，压力调节在0.08MPa±0.01MPa。

3. 燃气源：如使用罐装液化气及其他气源调在0.08MPa±0.01MPa。

4. 仪器顶部、左侧装有排风口，仪器应放置在风罩下实验，以免烟气腐蚀仪器，污染室内空气。

七、思考题

1. 烟参数都有哪些？各有什么作用？
2. 如何正确获取烟参数，并合理评价试样的生烟过程？
3. 聚合物的生烟过程有哪些特点？

第三节 受限空间烟气分布模拟实验

一、实验目的

1. 掌握用热线风速仪测量受限空间出口处气流流速和温度的方法。
2. 明确测量有限空间出口处气流流速和温度对室内火灾的指导意义。

二、实验原理及方法

室内火灾问题包含了火灾发展的全部要素，"室内"代表发生火灾时能够控制基本空气供给和热环境的任何受限空间。这些因素控制了火焰传播和火势增长、最大燃烧速率及其持续时间。室内火灾的研究主要涉及三方面的基础即流体动力学、传热学和燃烧学。热诱导下的浮力作用使流场表现出分层流动特征，对绝大多数室内流场产生重要影响。强大的浮力控制了火灾中的流动。如图5-7所示。

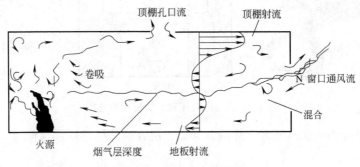

图 5-7 室内火灾的流型

许多情况下因密度差引起的隔墙开口处的流体流动可以描述为类似孔口的流动，如图5-8所示。对于通过水平隔墙的流动，压力变化接近零时流动不稳定，会出现摇摆不定的双向流。在这种情况下，存在一个充溢压力，在该压力以上会产生单向伯努利流。

1. 热式风速计测量原理

热式风速测量探头，是基于热耗散理论设计而成的。当被加热物体表面有气流通过时，气流将带走一部分物体表面的热量，使物体表面温度下降。通过调节电路增加流过物体的电流，可保持物体表面温度恒定。增加的电流与气流的流速是成正比的关系。当用热式风速测量探头测量紊流流速时，测量结果将受到来自各个方向的气流影响。因此紊流流速的测量值要比单方向气流的测量值高。

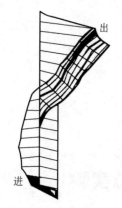

图 5-8　典型单室火灾时测得的门口流场

2. 风温测量原理

温度传感器的电阻温度系数与温度是成正比关系的。通过修正温度传感器的测量温度与风温，可测量出准确的风温。

3. 压力测量原理（KA31）

可使用扩散硅半导体压力传感器来测量压力。

三、实验装置和样品

装置有热式风速计若干、燃烧室、坩埚、点火器等（如图 5-9 所示）。

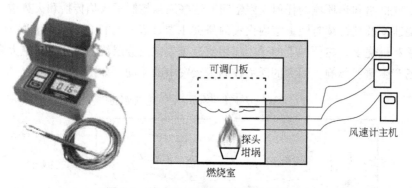

图 5-9　热式风速计和实验装置示意图

样品有可燃液体（乙醇、煤油、柴油、混合油等样品可供选择）。

四、实验步骤

（1）打开电源的转换开关 ON/OFF，进入低风速（VL）测试画面。

（2）在坩埚内放置足够量的燃料，置于燃烧室内（多种情况：正对门方向紧靠室内壁处，正对门方向室内中心，室内最里角，等等），调节燃烧室门的尺寸，记录油量的体积、高度、尺寸（用于计算燃烧速度，衡量燃烧过程）、燃烧室门尺寸的大小。

（3）点燃样品，保证燃料在稳定燃烧的情况下，用热式风速仪在室门口距离相同的位置测量不同高度的气流的温度和流速（注意方向），同时记录点燃到测量开始的时间段。记录不同高度（h）的气流的温度（T）和速度（v），以高度为纵坐标做出温度场 & 高度、速度 & 高度的曲线图。

（4）分别测定多种情况下：正对门方向紧靠室内壁处，正对门方向室内中心，室内最里角，等等，不同时间段、不同测试高度的流场和温度场。并进行对比得出结论。

五、实验数据记录与处理

根据记录的数据：不同高度（h）的气流的温度（T）和速度（v），以高度为纵坐标做出温度场与高度、速度与高度的曲线图。

由图分析有限空间内室门处烟气和空气流动情况，说明对燃烧过程的影响并给出解释。

六、实验注意事项

1. 风速测试与注意事项

（1）将探头电缆接入本机，打开电源开关，可直接测试 VL 挡风速。

（2）如果 LCD 上部有"OVER"标识出现，说明测试的风速超出当前量程的测试范围。这时可以根据标识左右的箭头来更换量程。左边箭头出现，表示测试风速低于当前量程下限。右边箭头出现，表示测试风速高于当前量程上限。

（3）风速测试时，要将探头的风向点正对着来风方向。当测试接触不到的地方时，可使用随机附带的探头延长棒。

（4）请勿用手捏压探头的金属网，以免造成变形，导致风速精度降低。

2. 风温测试与注意事项

把探头的金属网朝向风向，选定本机的风温挡，就可以读出温度值。

七、思考题

1. 研究室内火灾的流场有什么意义？
2. 影响室内火灾流场的因素有哪些？

第二篇
燃烧特性与阻燃性能评价实验

第六章
热分解及燃烧热实验

第一节 热解、燃烧和阻燃技术概述

一、热解、燃烧和阻燃技术

燃烧是包括流动、传热、传质和化学反应及其相互作用的复杂的物理化学综合的流体动力学过程。具有完备的燃烧条件的热解过程，导致了燃烧；燃烧产生热量和释放气体因不能扩散而积聚，致使燃烧环境的压力激增，则可能导致爆炸；燃烧和爆炸中产生的热量引燃了环境中的可燃物导致不可控的燃烧和爆炸，从而引发火灾；若想防止火灾的发生，从本质安全角度由源头抓起就要从热解和燃烧部分着手实施阻燃；从燃烧爆炸的化学热力学和动力学基础研究着手，研究阻燃技术、灭火措施、防爆技术等。

放热是燃烧的首要特征。现代火灾科学研究表明，火灾燃烧过程中，可燃物释放出的热量是最重要的火灾灾害因素，不仅对火灾的发展起着决定性作用，而且还常常控制着其他许多火灾灾害因素的发生和发展。火灾科学及火灾安全学科的交叉性决定着其研究方法必须多样化，通常分为三类：实验、理论分析与模型、计算机模拟技术。而后两者往往需要在真实实验数据的基础上进行或者将其计算结果与实验数据进行比较。不管采用何种方法，热参数的获取都是研究燃烧及火灾危险性的关键因素。例如在研究某种可燃物的燃烧性能时，在研究聚合物材料阻燃处理后的阻燃性能时，在研究阻燃聚合物材料的潜在火灾危险性时等，都必须获得决定其灾害性的关键因素——热释放速率。

燃烧过程是一个非常复杂的物理化学过程。从加热过程开始，经历蒸发、升华或是受热分解，再被点燃后燃烧直至燃尽熄灭。热分解过程贯穿于燃烧过程的始终。尤其是现代科技的发展和社会的综合需求，使新材料领域飞速发展，复合材料、纳米材料等新型材料的面世和大量应用，也使得对于新型可燃物的燃烧过程的研究发起了挑战，新型可燃物的种类和应用范围不断扩大，也导致新的燃烧类型、新的燃烧形式和新的火灾事故类型在发生变化。同时也促进了阻燃新材料、阻燃新技术、新型阻燃剂等的发展。研究现代复合材料的燃烧过程，就是现代火灾危险性研究的一个典型。

复合材料多以复杂固态可燃物为主，复杂固态可燃物的燃烧过程，大致经历受热升温阶段、热分解阶段、点燃过程、燃烧过程、熄灭阶段。无论哪个过程都存在可燃物的热分解过程。研究可燃物热分解过程早已是研究物质热稳定性的重要研究内容，运用热分析技术也早已是研究热稳定性的应用较早且比较成熟的方法。热分解过程是可燃物产生可燃性挥发物的第一个基本过程，以热失重法（TG）和示差扫描量热法（DSC）为主的热分析方法在聚合物材料的火灾燃烧研究中也得到了广泛的应用。TG 法以等温加热或以恒定升温速率加热样品材料，以观察在恒温条件下加热或在一定加热速率条件下加热样品时的失重行为和规律，所得结果简便、直观，可以帮助分析和判断材料产生可燃性物质挥发的速率，以及加热速率、温度、环境条件对材料热解过程的影响，对材料热解和燃烧特性研究有一定帮助。更重要的是可以帮助理解热解的微观过程和机理，既可研究材料燃烧过程中的热解动力学，发展模拟模型，也可通过裂解机理研究提高材料阻燃性能的途径和方法。与 TG 法相似，DSC 法也可用于研究热解动力学，不过 DSC 通常主要是研究在等温或一定加热速率下加热时，样品材料的热效应变化，帮助分析材料在受热过程中与热效应相关联的热解行为机理，如分解吸热或放热过程，用于对热解机理的分析和对燃烧过程影响的研究等。虽然 TG 和 DSC 方法常常用来研究聚合物的热解和燃烧过程，但 TG 和 DSC 等传统热分析方法不能提供火灾燃烧的真实条件，研究结果不可直接用于材料燃烧与火灾过程分析，只可作为材料燃烧与阻燃研究的一种辅助实验分析方法。

二、热释放速率测试技术

研究燃烧和阻燃以及火灾科学的工作者们，目前普遍认可测试可燃物燃烧过程的热释放速率是一种能够比较准确且简便可行的评估火灾中释放的热能的途径。真实火灾一般是处于一个开放的体系，使用传统上测定燃烧体系温度的方法需要对燃烧体系进行绝热处理，仪器设计复杂，造价昂贵，而且使用起来往往也很不方便，因而进展一直不大。从 20 世纪 70 年代开始，有人尝试利用耗氧原理（oxygen consumption principle 或 oxygen depletion principle）测量燃烧过程中的热释放能量，并最终在美国国家标准与技术研究院（National Institute of Standards and Technology，NIST）即原美国国家标准局（National Bureau of Standards，NBS）由 Babrauskas 博士研制成功了小型火灾燃烧性能实验仪器——锥形量热仪（cone calorimeter）。此后不久，依此原理设计的各种大型量热仪也相继出现，包括测量全尺寸家具燃烧热释放能量的"家具燃烧量热仪"（furniture calorimeter）、测量全尺寸房间燃烧过程中热释放能量的"单室燃烧量热仪"（room calorimeter 或 room-corner calorimeter）。此外，在许多新型的和传统的大中型火灾实验方法中，也增设了或正在考虑增设以耗氧原理为依据的热释放速率测试的功能，包括欧盟不久前新设计并已应用于整个欧盟范围内评价建材的中型燃烧实验方法"单火源燃烧实验仪"（single burning item，SBI）、国际电气工程师协会的成束电缆燃烧试验（IEE-323）等。可以说应用先进的耗氧原理测热已成为现代火灾实验技术的主要发展方向。耗氧原理测热技术的重要意义在于它为火灾安全工程的性能化设计提供了一种重要的实验技术手段，是目前火灾实验方法中为数很少的可以称为性能化实验的方法之一。

1. 耗氧原理

耗氧原理即"燃烧过程中，每消耗单位质量的氧所释放的热近似是一个常数"，进而根据物质在燃烧实验中燃烧时，消耗的氧的量来测量材料在燃烧过程中的热释放能量。

耗氧燃烧热是指燃料与氧完全燃烧时反应掉（消耗掉）每克氧所产生的热量，以 E 表示，单位为 kJ/g。

$$E = \frac{\Delta H_c}{r^0} = \frac{\Delta H_{c,\text{燃料}}}{\dfrac{\text{反应的氧的量}}{\text{反应的燃料量}}}$$

式中，r^0 为完全燃烧反应中氧的质量与完全燃烧反应中燃料的质量之比，即氧与燃料完全燃烧时的计量比。

1917 年，Thornton 对大量有机气体和液体物质的燃烧热结果进行计算，结果发现这些化合物虽然燃烧热值各不相同，但耗氧燃烧热值却极为相近。因此他提出有机物燃烧时其耗氧燃烧热值可以看成是个常数。Thornton 的结果在当时并未得到重视，之后也未实际应用。直到大约 20 世纪 70 年代，人们在研究火灾条件的燃烧时，发现利用耗氧燃烧热值估算火灾情况下材料燃烧所释放的热能，特别是热释放速率极为方便。火灾情况下的燃烧一般处于开放体系，在实验中模拟测定材料燃烧的热释放速率时，依耗氧原理，只需知道燃烧体系在燃烧前后氧含量的差值就可以由耗氧燃烧热值与氧含量的差值计算出材料燃烧释放的热能。

Huggett 在 Thornton 研究的基础之上，于 1980 年进一步对一些常用的有机聚合物及天然有机高分子材料做了系统的计算，结果分别列于表 6-1、表 6-2 和表 6-3 中。

表 6-1 典型有机液体和气体化合物的燃烧热值和耗氧燃烧热值

燃料	燃烧热值/(kJ/g)	氧耗燃烧热值/(kJ/g)
甲烷(气)	−50.01	−12.54
乙烷(气)	−47.48	−12.75
正丁烷(气)	−45.72	−12.78
正辛烷(气)	−44.42	−12.69
乙炔(气)	−48.22	−15.69
乙烯(气)	−47.16	−13.78
苯(液)	−40.14	−13.06
1-丁醇(液)	−33.13	−12.79
正丁醛(液)	−31.92	−13.08
丁酸(液)	−22.79	−12.55
正丁胺(液)	−37.96	−12.85
1-丁硫醇(液)	−32.77	−12.32
氯乙烷(液)	−19.01	−12.78
溴乙烷(液)	−11.93	−12.50
未加权平均值		−12.72

表 6-2 典型有机聚合物的燃烧热值和耗氧燃烧热值

燃料	燃烧热值/(kJ/g)	氧耗燃烧热值/(kJ/g)
聚乙烯	−43.28	−12.65
聚丙烯	−43.31	−12.66
聚异丁烯	−43.71	−12.77
聚丁二烯	−42.75	−13.14
聚苯乙烯	−39.85	−12.97
聚氯乙烯	−16.43	−12.84
聚偏二氯乙烯	−8.99	−13.61
聚偏二氟乙烯	−13.32	−13.32
聚甲基丙烯酸甲酯	−24.89	−12.98
聚丙烯腈	−30.80	−13.61
聚甲醛	−15.46	−14.50

续表

燃料	燃烧热值/(kJ/g)	氧耗燃烧热值/(kJ/g)
聚对苯二甲酸乙二酯	−22.00	−13.21
聚碳酸酯	−29.72	−13.12
三醋酸纤维素	−17.62	−13.23
尼龙-66	−29.58	−12.67
聚砜丁乙烯	−20.12	−12.59

表 6-3　几种天然燃料的燃烧热值和耗氧燃烧热值

燃料	燃烧热值/(kJ/g)	氧耗燃烧热值/(kJ/g)
纤维素	−16.09	−13.59
棉	−15.55	−13.61
新闻纸	−18.40	−13.40
包装箱硬纸板	−16.04	−13.70
树叶、硬木	−19.30	−12.28
木、枫木	−17.76	−12.51
褐煤	−24.78	−13.12
烟煤	−35.17	−13.51
未加权平均值		−13.21

注：表中引用的有些燃烧热数据与标准燃烧热值略有差别，因其取自于一些比较接近于火灾环境的实验结果。此外，如无特别指出，表中计算假定燃烧产物为 CO_2,$H_2O_{(g)}$,HF,HCl,Br_2,SO_2 和 N_2。

计算结果表明，绝大多数所测材料的耗氧燃烧热值接近 13.1kJ/g 这一平均值，偏差大约为 5%。个别材料如乙炔和聚甲醛，偏差较大，计算平均值时也未包括这些材料，但这些材料极少出现在实际火灾中，即使出现往往用量也很少。因此这一平均值通常被用作火灾情况下有机材料的耗氧燃烧热值。在实际火灾中，往往多种材料同时燃烧，不可能确切知道每种材料的组成及其化学反应，因此，采用上述耗氧燃烧热平均值 13.1kJ/g 计算热释放速率更现实可行，具有实际应用意义。虽然耗氧原理主要用来考虑实际火灾中有机材料燃烧的情况，但原则上，只要完全氧化反应方程已知，任何物质都可以用耗氧原理来计算燃烧释放热。

2. 锥形量热仪法

（1）锥形量热仪概述　锥形量热仪以其锥形加热器而得名，是火灾实验技术史上首次依靠严密的科学基础设计且使用比较简便的小型火灾燃烧性能实验仪器，是火灾科学与工程研究领域一个非常重要的技术进步，是火灾实验技术史上革命性的进展。该项研究成果曾获得美国1988年的百项科技发明大奖，是火灾实验技术领域迄今唯一一项重要获奖。

锥形量热仪对于燃烧中的材料具有多项测试功能。可测试材料的热释放速率（heat release rate，HRR）、质量损失速率（mass loss rates，MLR）、有效燃烧热（effective heat of combustion，EHC）、材料在加热器一定的热辐射强度下，用标准火源（电弧火源）的点燃时间参数（time to ignition）以及一些有关烟的数据参数，如：比消光面积（specific extinction area，SEA）、生烟速率（smoke production rate，SPR）、总生烟量（total smoke production，TPS）、烟释放速率（rate of smoke release，RSR）等参数。这些参数均可由计算机数据处理软件得到，这些参数在火灾安全工程与设计和材料阻燃性能研究都非常重要，应用非常广泛。因此，学习掌握锥形量热仪的测试操作，在安全工程专业的学科应用方面非常必要。

(2) 聚合物复合材料的锥形量热仪测热　耗氧燃烧热在绝大多数情况下接近于常数，这大大简化火灾研究中对热释放速率的测量。知道耗氧燃烧热值后，在实际测量时只要知道材料燃烧前后体系中氧含量的变化就可以容易地计算出燃烧产生的热量。耗氧原理测热的基础是耗氧燃烧热，而由耗氧燃烧热的计算公式 $E=\Delta H_c/r^0$ 可知，耗氧燃烧热实际上仍然依赖于理论燃烧热 ΔH_c。这样对单一的聚合物材料，任何热效应只要能合理地包括在理论燃烧热中，则这种计算就是准确的。比如裂解热效应，无论裂解反应如何复杂，但其热效应是包括在理论燃烧热值之中的，所以这些热效应对计算没有影响。

在实际应用中，聚合物常常以几种聚合物共混物的形式存在。而对于多种聚合物形成的共混物来说，E 值应是共混物中各组分 i 的 E 的复合值，但按照 Huggett 的计算，锥形量热仪通常测试时，E 值一般取平均值 13.1MJ/kg。对大多数聚合物来说，E 值取 13.1MJ/kg 测得的热释放速率，误差在 5% 以内，该误差对火灾测试是可以接受的。因此，对一般聚合物共混材料，锥形量热仪按照标准方法测试误差可以忽略不计。

$$E_{复合} = \sum_i \frac{\Delta H_{ci}}{r_i^0} \mu_i$$

式中，μ_i 表示组分 i 在共混物中的质量分数。每种聚合物有其准确的 E 值。

实际使用的聚合物还常常与粉状填料形成复合材料。对聚合物和无机物复合材料，直接应用标准公式则有时会产生较大误差。在火灾中，无机填料不会燃烧，没有燃烧热 ΔH_c，由 $E=\Delta H_c/r^0$ 可知，E 值中不包括任何无机填料产生的热效应。因此，当大量使用产生显著吸热效应的填料时，锥形量热法根据 $E=\Delta H_c/r^0$ 式计算热释放速率，将会因不包括填料热分解时的热效应而造成误差。当填料量大到一定程度时，这种影响会变得非常明显。

现代阻燃技术，已经高举无卤阻燃的大旗，无机阻燃填料填充的聚合物大量应用于实际，如氢氧化铝、氢氧化镁、硼酸锌等。这些材料在加热的过程中会发生脱水反应吸收大量的热量，而这些热量是无法直接用标准公式计算的。因而利用锥形量热仪测量含有这些填料的材料的燃烧热时，如不进行校正则会存在较大偏差。

吸热阻燃填料通常能降低聚合物可燃性，典型的阻燃填料包括氢氧化铝、氢氧化镁和硼酸锌等。这些填料阻燃的机理为在裂解过程中，加入的填料发生吸热脱水反应，通过填料的脱水吸收热量而达到阻燃的目的。如表 6-4 为 $Al(OH)_3$ 脱水吸热对燃烧热的影响。

表 6-4　$Al(OH)_3$ 对某些聚合物复合材料燃烧热的影响

$Al(OH)_3$(质量分数)/%	0	20	40	50	60	70	80	90	95
$\Delta H[Al(OH)_3]/(kJ/g)$	0	+0.24	+0.48	+0.60	+0.72	+0.84	+0.96	+1.08	+1.14
$\Delta H(PP)$	−43.31	−34.65	−26.00	−21.66	−17.32	−12.99	−8.66	−4.33	−2.17
$\Delta H[PP+Al(OH)_3]/(kJ/g)$	−43.31	−34.41	−25.52	−21.06	−16.60	−12.15	−7.70	−3.25	−1.03
$\Delta H_R/\%$	0	0.7	1.8	2.8	4.2	6.5	11.1	24.9	52.5
$\Delta H(PMMA)$	−24.89	−19.91	−14.93	−12.45	−9.96	−7.47	−4.98	−2.49	−1.24
$\Delta H[PMMA+Al(OH)_3]/(kJ/g)$	−24.89	−19.67	−14.45	−11.85	−9.24	−6.63	−4.02	−1.14	−0.1
$\Delta H_R/\%$	0	1.2	3.2	4.8	7.2	11.2	19.3	43.4	92
$\Delta H(PVC)$	−16.43	−13.14	−9.86	−8.22	−6.57	−4.93	−3.29	−1.64	−0.82
$\Delta H[PVC+Al(OH)_3]/(kJ/g)$	−16.43	−12.9	−9.38	−7.62	−5.85	−4.09	−2.33	−0.56	+0.32
$\Delta H_R/\%$	0	1.8	4.9	7.3	11.0	17.0	29.2	65.9	—

注：ΔH_R 是聚合物材料与复合材料的燃烧热差值占聚合物燃烧热的百分数。$\Delta H_R = (\Delta H_{聚合物} w_{聚合物} - \Delta H_{聚合物})/(\Delta H_{聚合物} w_{聚合物}) \times 100$。

由表 6-4 可见，在聚合物中添加阻燃填料氢氧化铝会影响材料的净燃烧热，并且当填料的质量分率很大时，影响非常明显。此外复合材料中聚合物本身的理论燃烧热值越小，填料的裂解热产生的影响越大。

第二节　可燃物热分解过程分析实验——热重分析法

一、实验目的

1. 了解热分析、热重法的概念，熟悉热重分析原理。
2. 掌握热重分析仪的测试方法和操作步骤。
3. 掌握热重曲线和微熵热重曲线的意义和应用。

4. 掌握热重数据和热重曲线的做图和用于分析可燃物热分解过程的方法。

二、实验原理

1. 热分析技术

热分析是在程序控制温度下，测量材料物理性质与温度之间关系的一种技术。在加热或冷却过程中随着材料结构、相态和化学性质的变化都会伴有相应的物理性质变化，这些物理性质包括质量、温度、尺寸和声、光、热、力、电、磁等性质。测量这些性质相应的热分析技术，例如热重法（thermogravimetric），差热分析技术（differential thermal analyzer），差示扫描量热技术（differential scanning calorimeter），热机械分析技术（thermolmechanical analyzer）和动态热机械分析技术（dynamic thermolmechanical analyzer）等。国际热分析学会将热分析技术确认为 9 类 17 种。其中热重分析法（TG）、差热分析技术（DTA）和差示扫描量热技术（DSC）应用最为广泛。如表 6-5 所示。

表 6-5　（国际热分析协会）热分析技术

物理性质	热分析技术名称	缩写
质量	热重法	TG
	等压质量变化测定	
	逸出气体检测	
	逸出气体分析	EGD
	放射热分析	EGA
	热微粒分析	
温度	（升温曲线测定）差热分析	DTA
热量	差示扫描量热法	DSC
尺寸	热膨胀法	
力学特性	热机械分析	TMA
	动态热机械分析技术	DMA
声学特性	热发声法	
	热传声法	
光学特性	热光学法	
电学特性	热电学法	
磁学特性	热磁学法	

2. 热分解过程

复杂可燃物的燃烧通常都会经历不同的热分解过程，产生足够的可燃气，满足燃烧条件后进入燃烧过程。热分解过程通常贯穿于整个燃烧过程，因此对不同种复杂物质的热分解过程的研究一直都是研究燃烧理论的重要方向，一般都是解开某种物质燃烧过程的首把钥匙。

3. 热重法

热重法（thermogravimetry，TG）是对试样的质量随以恒定速度变化（非等温热重法）或在等温条件（等温热重法）下随时间变化而发生的该变量进行测量的一种动态技术。该法简单，易于与其他热分析法组合在一起进行联用，可在静态或动态的活性或惰性气氛中进行。

TG法以等温加热或以恒定升温速率加热样品材料，以观察在恒温条件下加热或在一定加热速率条件下加热样品时的失重行为和规律，所得结果简便、直观，可以帮助分析和判断材料产生可燃性物质挥发的速率，以及加热速率、温度、环境条件对材料热解过程的影响，对材料热解和燃烧特性研究有一定帮助。更重要的是可以帮助理解热解的微观过程和机理，既可研究材料燃烧过程中的热解动力学，发展模拟模型，也可通过裂解机理研究提高材料阻燃性能的途径和方法。

热重法记录的热重曲线以质量 m 为纵坐标（从上到下质量减少），以温度 T 或时间 t 为横坐标（从左到右温度增加），即 m-T 或（t）曲线。热重曲线中质量（m）对时间（t）进行一次微商从而得到 $\mathrm{d}m/\mathrm{d}t$-T（或 t）曲线，称为微商热重（derivative thermogravimetry，DTG）曲线，它表示质量随时间的变化率（失重速率）与温度（或时间）的关系，相应地把以微商热重曲线表示结果的热重称为微商热重法。热重曲线表达失重过程具有形象、直观的特征，而与之相对应的微商热重曲线则更能精确地进行定量分析。

（1）热重曲线分析及应用　以固体热分解反应 A（固）——→B（固）＋C（气）为例，其热重曲线如图 6-1 所示，曲线的纵坐标为质量，横坐标为温度。T_A 为起始失重温度，T_B 为失重结束温度，T_C 为外延起始温度，T_D 为外延终止温度，T_E 为半寿失重温度，T_F 为10%失重温度，T_G 为20%失重温度。

热重曲线上质量基本不变的部分称为基线或平台。可得失重率和失重速率。若式样初始质量为 W_0，失重后试样质量为 W_1，则失重百分数为 $(W_0-W_1)/W_0 \times 100\%$。DTG 曲线上峰值点为失重速率最大值。

在热重曲线中，水平的基线或平台表示质量是恒定的，曲线斜率发生变化的部分表示质量的变化。

微商热重曲线与热重曲线的关系是：微商热重曲线上的峰顶点值（$\mathrm{d}^2W/\mathrm{d}t^2=0$，失重速率最大值点）与热重曲线的拐点相对应；微商热重曲线上的峰值与

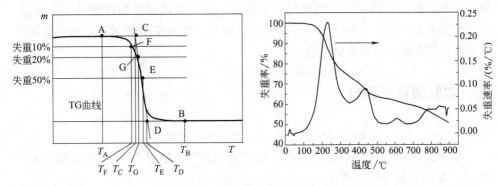

图 6-1 典型的热重曲线及特征参数

热重曲线上的台阶数相等，微商热重曲线峰值面积与失重量成正比。

(2) 影响热重曲线分析结果的因素　热重分析是一种动态测试技术，在测量过程中，很多因素都可能引起热重曲线变形，导致热重分析的准确度下降。

① 仪器因素

a. 浮力与对流的影响　在加热过程中，试样周围气体密度及对流方式的变化会使悬吊在加热炉中的试样质量和盘所受浮力发生变化。升温过程会导致试样增重，造成对称量质量准确度及 TG 曲线的影响。

b. 挥发物冷凝的影响　试样受热或升华，逸出的挥发物会在热重仪的低温区冷凝，造成仪器污染并使实验结果产生偏差。

c. 温度测量的影响　在热重分析仪中，热电偶与试样不接触，试样的真实温度与测量温度之间会有所差别。因此，应采用标准物质来标定热重分析仪的温度。

② 实验因素

a. 升温速率　升温速率大，所产生的热滞后现象严重，往往导致热重曲线上的起始温度和终止温度都偏高。在热重分析仪中宜采用低速升温，一般不超过 10℃/min。需要指出的是，虽然升温速率发生变化，但失重量却保持不变。

b. 气氛　试样周围的气氛，包括分解产物可能与气流的反应，可能使热反应过程发生变化。因而，为使 TG 曲线的重现性较好，通常采用动态惰性气氛，如 N_2，Ar 等通入试样室避免气流与试样和产物发生变化。

③ 试样因素

a. 试样的用量　用量越大，试样吸热和放热反应引起的试样温度发生的偏差越大；用量大也不利于热扩散和热传递，还会使样品内部温度梯度增大。

b. 试样的粒度　粒度越细，反应速率越快，将导致 TG 曲线反应起始和终止温度降低，反应区间变窄。粗粒度的试样反应慢，往往得不到理想的 TG 曲线，如蛇纹石粉状试样在 50～850℃ 连续失重，在 600～700℃ 分解最快，而实际试样在 600℃ 左右才开始有少量失重。

三、实验装置及原料

Setaram Labsys Evo 同步热分析仪，如图 6-2 所示。

参考试样种类：聚乙烯（PE）、聚丙烯（PP）、聚甲基丙烯酸甲酯（PMMA）、聚苯乙烯（PS）等。

图 6-2 Setaram Labsys Evo 同步热分析仪

四、实验步骤

1. 称量样品。使用精度为 0.01mg 的天平进行称量，尽量使用最小样品量，填装量不大于坩埚容积的 1/3。

2. 打开仪器及软件，确保天平处于解锁状态。

3. 将样品及参比坩埚置于 DSC/DTA 传感器的坩埚位上，样品放于操作者一端。注意避免传感器晃动。

4. 等传感器稳定后，在仪器信号实时监测窗口中确认当前温度、"Untared Mass" 在 TG 测量范围内。

5. 降下加热炉至升降机构自动停止。

6. 软件操作：新建文件，输入实验名称、样品质量、坩埚种类、气体选择、TG 量程、安全温度等实验条件设定参数。（安全温度为传感器使用温度上限 20℃）

7. 设定升降温程序（Zone）：右键点击实验名称，选择 "Add a new Zone"。在 "Zone" 中，点击右键，选择添加恒温或变温程序，设定温度范围、恒温时间、升降温速率、TG Tare、载气、辅助气开关控制及流速等。

8. 在"selected Zone"中，确认 PID、Safety Temperature 等参数。

9. 实验开始前先通入载气，确认 TG 信号稳定。

10. 点击"Start the Experiment"，实验开始。

11. 如需要，重复以上操作。

五、实验数据及处理

1. 打开"Processing"软件，点击"File"—"Open Zone Files"，选择需要处理的实验数据，点"OK"。

2. 找到实验名称，选中文件名，右键选择"Blank Experiment Subtraction"，选取相应的空白实验以扣除基线，左侧列表中找到该文件名，去掉"√"，则处理前的曲线消失，保留处理后的 TG 曲线。

3. 选中曲线，右键点击"Derivation"，得到 DTG 曲线。

4. 点击菜单"File"选择"Export Chart Data"，输出数据并保存。

5. 打开输出数据文件，即可绘制 TG 和 DTG 曲线（Excel 或 Origin 软件处理均可）进行分析。

六、实验注意事项

1. 实验前，确认载气连接正确，输入压力约 3bar（1bar＝10^5Pa，下同）。

2. 确认冷水循环正常，流量不小于 2L/min，建议实验前开启冷水。

3. 保证室温稳定，保持试样台稳定，避免震动和接触高温表面。

4. 仪器最高使用温度为 1600℃。

5. 样品装填量不大于坩埚容积的 1/3，尽可能使用最小样品量；若信号响应不够可适度增量。

6. 金属类样品应使用氧化铝坩埚，氧化物（陶瓷）类样品使用金属（Pt，Al）坩埚。

七、思考题

1. 热重分析在燃烧和阻燃研究中的应用有哪些？

2. 影响热重曲线分析结果的主要因素有哪些？

3. 热重分析法有哪些特征参数？

第三节 可燃物燃烧特性分析实验——锥形量热仪法

一、实验目的

1. 熟练掌握锥形量热仪的操作方法。
2. 掌握耗氧原理和锥形量热仪的测试原理。
3. 明确锥形量热仪测定燃烧热参数的意义。
4. 了解运用锥形量热技术研究复杂物质的燃烧过程和阻燃材料的阻燃性能。

二、实验原理

耗氧燃烧热是指燃料与氧完全燃烧时反应掉（消耗掉）每克氧所产生的热量。有机物燃烧时其耗氧燃烧热值可以视为常数。耗氧原理即获得燃烧体系在燃烧前后氧含量的差值，由耗氧燃烧热值与氧含量的差值计算得出可燃物燃烧释放的热量。因此对于大多数火灾条件下燃烧处于开放体系中，利用耗氧燃烧热值估算火灾条件下可燃物燃烧释放的热量，特别是热释放速率，则非常方便。绝大多数有机材料的耗氧燃烧热值接近 13.1kJ/g 这一平均值，偏差大约为 5%。

三、实验装置及样品

1. 锥形量热仪

锥形量热仪是典型的机电一体化组合设备，结构简单紧凑，但其功能原理、控制原理和操作要求却极其严格，是多种行业知识的综合应用。如图 6-3 所示。

（1）圆柱状过滤器　由三只圆柱状玻璃管组成，中间管内盛有粉红色的钠石灰，用于吸收样品气中的二氧化碳；两边管内盛有蓝色的变色硅胶，用于吸收样品气中潮湿的水汽。这些气体含氧化合物，影响氧气分析仪对氧浓度的分析。管内材料变色失效时，需要立即更换。

（2）气体流量计　用于计量样品气通过氧气分析仪的流量。正常测试操作时，样品气的流量显示应在 100～200L/min。

（3）调速装置、调速电动机和鼓风机　调速装置是用来调节调速电动机转速的控制部件。通过调速电动机带动鼓风机的旋转，控制吸烟管道和排烟管道内气体流量。排烟管道上的测压端口、测温热电偶是用来检测管道内的压力差和温度，具体数值反映在计算机上。

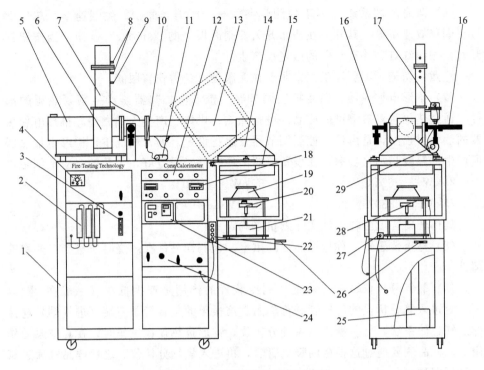

图 6-3 标准型锥形量热仪示意图

1—仪器箱体；2—圆柱状过滤器；3—气体流量计；4—调速装置；5—变速电动机；6—鼓风机；7—排烟管；8—测压端口；9—测温热电偶；10—样品气取样环；11—烟尘过滤管；12—按钮开关控制面板；13—吸烟管道；14—引风罩；15—防护罩；16—激光测烟系统；17—样品气过滤系统；18—温度控制调节器；19—锥形电加热器；20—样品燃烧盒；21—称重传感器；22—远程控制手柄；23—氧气分析仪；24—气体流速控制板；25—制冷装置；26—隔热板转动手柄；27—甲烷燃烧器；28—电子脉冲点火器；29—真空泵

(4) 真空泵、样品气取样环　由真空泵工作时产生的负压，把样品件燃烧时产生的烟气，经过引风罩、吸烟管道，从样品气取样环处抽出，通过样品气过滤系统及其相连接的管路向氧气分析仪输送气体。

(5) 样品气过滤系统　样品气经过一级过滤的烟尘过滤管，过滤掉大部分的烟尘；在负压作用下继续通过二级、三级过滤器，产生洁净气体。

① 烟尘过滤管（一级过滤）　外形和圆柱状过滤器一样，管内盛装白色的玻璃纤维丝，通常称为"玻璃丝"。玻璃丝需要经常更换，以确保过滤效果和样品气的洁净。

② 样品气过滤系统（二、三级过滤器）　二级过滤器的滤芯是一白色圆筒形，安装在透明的圆形透明罩内。三级过滤器是一外部封塑的白色圆盘，两端面中间各伸出一段管子，与通气气管相连接。若三级过滤器的进气端处发黑，则应立即更换。

第六章　热分解及燃烧热实验

(6) 激光测烟系统　用于检测烟参数——比消光面积、生烟速率、总生烟量、烟释放速率等。其开关在按钮开关控制面板上的"smoke"按钮，当按钮打开时，按钮红灯亮并有红色的激光束产生。

注意：切记，不要让激光束照射在人眼处，免得伤害眼睛。

(7) 锥形电加热器、温度控制调节器　锥形电加热器是产生辐射热源的部件。通过热辐射对被测试的样品件进行加热、烘烤、产生火焰燃烧。锥形电加热器的热辐射强度，是由温度控制调节器来进行设定。通常情况下，锥形电加热器所产生的温度与加热功率，在设备仪器出厂时已经设置好，大致的对应范围是：

25kW——625℃　　　　　50kW——770℃
75kW——880℃　　　　　100kW——975℃

具体辐射强度由辐射计实际测量来确定。

(8) 称重传感器　称量样品件的重量，检测样品件在燃烧时质量损失速率的部件。

(9) 氧气分析仪、制冷装置　制冷装置的作用是产生低温（一般在0℃以下）对进入氧分析仪的进气管进行降温。这根粗的竖直管子一端（进气端）连接样品气过滤系统，另一端连接氧气分析仪。锥形量热仪在工作时，在真空泵的作用下，样品气要通过这根粗的竖直管后，再进入氧气分析仪。之后样品气通过氧气分析仪进行分析。

(10) 隔热板转动手柄、电子脉冲点火器、远程控制手柄　锥形加热器升温加热时或处在加热后不工作时，用隔热板挡住锥形加热器的辐射热量。当要用加热器向样品件辐射加热时，转动隔热板手柄，使隔热板处在打开的状态即可。

电子脉冲点火器工作时起到自动点火的作用。当隔热板打开时，转动电子脉冲点火器，此时会有电子火花不断的间歇迸出。样品件达到点燃条件就会被脉冲点火器的电火花引燃。

远程控制手柄上的四个阿拉伯数字分别表示：1——测试开始、2——点燃时间、3——燃烧过程发生的事件时间、4——火焰熄灭时间。

(11) 气体流速控制板、甲烷燃烧器。

2. 锥形量热仪实验参数

① 点燃时间参数（time to ignition，TTI）在一定的加热器热流辐射强度下（0~100kW/m^2），用一定的标准点燃火源(电弧火源)，样品从暴露于热辐射源开始，到表面出现持续点燃现象为止的时间(s)，就是样品在设定的辐射功率下的点燃时间。有时也称为耐点燃时间。

② 热释放速率（heat release rate，HRR 或 rate of heat release，RHR）指在预设的加热器热辐射热流强度下，样品点燃后单位面积上释放热量的速率，单位为 kW/m^2。

(a) 平均热释放速率（mean heat release rate，MHRR）单位为 kW/m^2。

平均热释放速率值与截取的时间有关，因此有几种表示方法。从燃烧起始至熄灭期间的平均热释放速率表示总的平均热释放速率。在实际使用中，经常采用被测样品从燃烧开始至 60s、180s、300s 等初期的平均热释放速率，即 $MHRR_{60}$、$MHRR_{180}$、$MHRR_{300}$ 来表示。采用初期的平均值，主要是因为在实际火灾过程中，初期的热释放速率有重要作用。比如，设计阻燃材料就是着眼于早期火灾的防治，实际上当火灾进入充分发展的阶段时大多数高分子阻燃材料的阻燃作用就发挥不了作用了；在消防设计中，初期火灾的发展直接同消防设计方案有关。有研究已表明，锥形量热仪测量的前 180s 的平均热释放速率值同大型实验的室内火灾初期的热释放速率数据有很好的相关性。在实际使用时采取哪种平均值要根据实际研究的对象来决定，原则上是要能更好地反映真实火灾的情况。

（b）峰值热释放速率（peak heat release rate，PHRR）峰值热释放速率是材料重要的火灾特性参数之一，单位为 kW/m^2。一般材料燃烧过程中有一处或两处峰值，其初始的最大峰值往往代表材料的典型燃烧特性。

（c）火灾性能指数（fire performance index，FPI）该指数被定义为点燃时间同峰值热释放速率的比值。它同封闭空间（如室内）火灾发展到轰燃临界点的时间，即"轰燃时间"有一定的相关性。FPI 越大，轰燃时间越长。而轰燃时间值是消防工程设计中的一个重要参数，它是设计消防逃生时间的重要依据。

③ 质量损失速率参数（mass loss rate，MLR）单位为 kg/s。锥形量热仪的样品支撑台上设置有压力测重传感器，可以在加热和燃烧过程中动态测量、记录样品的热失重情况。记录的热失重曲线再通过五点差分法，可计算样品质量的损失速率。

④ 有效燃烧热（effective heat of combustion，EHC）有效燃烧热表示燃烧过程中材料受热分解形成的挥发物中可燃烧成分燃烧释放的热，单位为 MJ/kg。由公式 EHC＝HRR/MLR 计算。反映材料在气相中有效燃烧成分的多少，能够帮助分析材料燃烧和阻燃机理。

3. 样品选择与制备

（1）可选择不同种类的可燃固体材料，例如，松木、聚乙烯（polyethylene，PE）、聚甲基丙烯酸甲酯（poly methyl methacrylate，PMMA）、聚酰胺（polyamide，PA）板材（如尼龙 6）、聚苯乙烯（polystyrene，PS）板材、丁苯橡胶（styrene butadiene rubber，SBR）等。也可选择已知成分组成的复合材料。

（2）制备样品尺寸为长×宽＝100mm×100mm。释热曲线行为是在热厚样品条件下的特征，很薄的样品不一定符合，热厚样品指样品厚度大于其热穿透厚度。实验中一般聚合物样品超过 6mm 即可认为是热厚样品。实际上，塑料制品厚度一般选择大于 6mm，橡胶制品因为制样等原因可选择 4mm 以上。厚度不同热释放速率的曲线形状不同。一般应让曲线达到一定的稳定阶段后，方可认为是达到热厚样品的要求。

（3）制备样品要求：材质均一，表面平整，无明显瑕疵缺陷。做好标记并编号记录。

（4）实验前，通常用铝箔把除燃烧面之外的其他面包覆起来，以防滴落熔融等现象发生影响测试结果。

四、实验步骤

1. 开机，预热 1h，使锥形量热仪处于稳定状态后方可进行标定和测试。

2. 检查排水阀门（位于锥形量热仪背部下方一开孔处，冷却装置的竖直管子下方）是否关闭。

3. 将样品燃烧盒清理干净。衬垫层主要是起到隔热和调节样品件放置高度的作用；检查盒内衬垫层的高度以及放上测试样品后的高度，保证放入试样后，盒盖与盒体吻合。

4. 样品燃烧盒放置在燃烧架上，检查并调节锥形加热器的底面（打开防护板时），至样品件外露的表面之间的距离为 25mm。

5. 锥形量热仪的标定：实验前必须用甲烷气体（99.99%纯度）对仪器进行标定，以确定测热公式中的 C 常数值。通过流量调节甲烷的燃烧热释放速率达到 5kW 或 10kW，锥形加热器热辐射强度设置为零，烟道流速设为标准流速 24 L/min，由锥形量热仪实验测定 ΔP，T_e，$X_{O_2}^A$，并由测热公式得到标定的 C 值。C 值一般应在 0.040~0.044 之间为宜，结果与前次标定值比较不应相差太多。C 值异常则必须查找原因。

6. 标准样品检验：锥形量热仪在进行仪器参数的标定之后，还应采用标准样品进行检验。有两种方法可选。

（1）标准黑 PMMA 样品检验（英国 ICI 公司特制标准样品）（厚度 10mm 或 20mm，含 5%炭黑）。在 $50kW/m^2$ 的辐射强度下对黑标样进行常规燃烧试验，然后对热释放速率、质量损失速率、点燃时间等实验数值与标准数据进行比较，以确定仪器测试参数、状态是否正常，方可正式进行实验。

（2）纯乙醇检验。将 20~30g 乙醇放入耐火玻璃器皿（圆形或方形均可）放在样品架上，玻璃器皿底部用绝热材料隔绝，在零辐射强度下用火柴点燃进行燃烧试验，让数据采集延续至燃料燃烧完毕后两分钟。乙醇的燃烧热值为 26.78 kJ/g，假定燃烧为完全燃烧（锥形量热仪燃烧乙醇接近完全燃烧），已知燃烧的乙醇的准确用量即可算出乙醇的总燃烧热。将其同锥形量热仪测定的总燃烧释放热比较，可以确定标定系数是否准确。

注意，仪器测定的热释放速率是单位面积上的热值，不是以质量来计算的，因此，测定的热释放速率应该乘以面积以得出实际的热释放值（即不考虑面积而以实际燃烧物计的热释放速率）。将这样计算得到的热释放速率从燃烧始末对时间累积求和，即得锥形量热仪测定的总燃烧释放热。

若两种方法得出的燃烧总热相同或非常接近，则表明标定系数 C 值准确。两种计算方法的简单公式为：

总燃烧热（kJ）$=26.78$（kJ/g）$\times$ 燃烧乙醇量（g）

总释放热（kJ）$=$实测得到的热释放速率（kW/m^2）$\times$面积（m^2）

乙醇检验比 PMMA 检验简便易行，成本低廉，是比较经济的方法。

7. 升温操作：标定完成，通过控制面板上的温度调节器（如图 6-4 所示）设定适合测试的辐射强度值（温度表示）。为保护锥形加热器，先升温至 400℃，温度稳定后等待 5min，方可继续升温至所需设定的辐射强度值（温度表示）。具体参考数值有：25kW——625℃；50kW——770℃；75kW——880℃；100kW——975℃。样品件在燃烧测试时，不允许改变辐射功率。

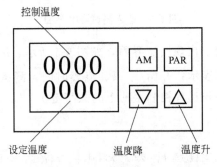

图 6-4　温度控制调节器示意图

8. 样品称重：将除去样品的试样盒和锡纸盒，放置在称重传感器的支架上，待到显示数值稳定后，点击按钮开关控制面板处的"tare"去皮，质量数值归零。将铝箔包裹好的样品放入试样盒中，样品件放在燃烧盒上称重。稳定后的数值就是燃烧测试样品的净重。质量数值将记录在软件操作界面的"Initial mass"一栏。

9. 样品在燃烧盒内放置平整，为防止预热，可在称重完成测试未开始之前取下，测试开始时重新放回称重传感器的支架上（注意不要碰触质量传感器，以防发生位移导致质量传感器故障）。

10. 软件操作

（1）称重准备的同时可打开软件，建立新文件，输入测试参数，如图 6-5 所示。注意：若使用样品燃烧盒进行燃烧测试，必须点击选中界面左下方的 Frame 处。此时右上方一栏内的 Area 对应的数值 100，就会自动变成数值 88.4。样品件不用燃烧盒或不用样品盒盖测试，则不需选中操作。

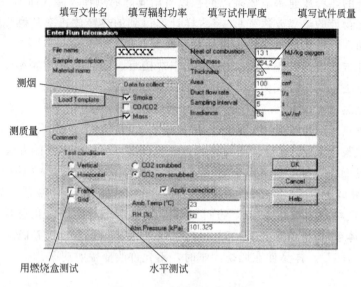

图 6-5　输入测试参数界面

（2）点击 OK 按钮，出现测试界面，如图 6-6 所示，测试开始。左上方四个并列的圆圈按钮键分别表示：开始/结束、点燃时间、测试事件时间、火焰熄灭时间。同时分别按顺序与远程控制手柄上的数字键①、②、③、④相对应，作用完全一样且同步进行。

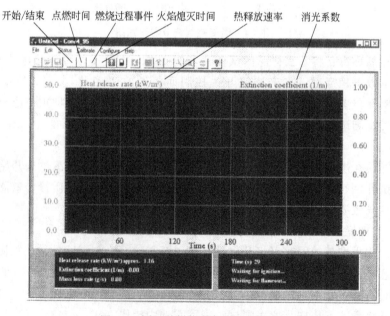

图 6-6　测试的燃烧数据记录曲线图

11. 燃烧测试：可使用远程控制手柄，也可电脑直接操作。

（1）开启隔热板转动手柄，同时按下远程控制手柄上的数字键①，界面上四个圆圈按钮键同时变成绿色。电脑开始记录热释放速率的变化。

（2）将电子脉冲点火器放于样品上方，电子点火器不断打火，等待点燃。注意观察、记录被测样品件表面现象。

（3）点燃发生的同时按下远程控制手柄按钮②，四个圆圈第二个按钮键变白色；界面下方右边一栏二行出现 Ignition time ××× sec，说明已经记录下样品件的点燃时间。不变化则操作失败。

（4）点燃后应将电子脉冲点火器移转回位，以免长时间置于火焰中造成损坏。出现闪火等特殊现象需要记录时可按按钮③记录特殊时间点，同时在记录本上手写记录现象。

（5）观察样品在燃烧过程出现的现象，并做好记录。按钮③可多次按动，最多8次。

（6）样品熄灭时，按下远程控制手柄的按钮④，此时记录的是火焰熄灭时间，第四个按钮键变白。此时一、三按钮键仍为绿色。（注意测试中在没有认定燃烧结束时，按钮①只能按一次，否则软件将停止记录。）

（7）认定实验结束或终止，则按下按钮①。测试结束，点击界面上第一个绿色按钮键，则依次出现图6-7所示的提示画面。记下特殊时间点，可与笔记记录的现象进行对应。

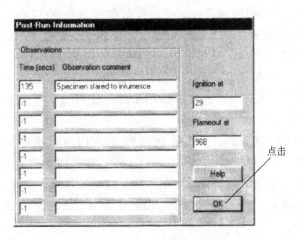

图 6-7　特殊时间点提示界面

（8）如无其他改动，则点击"OK"直至界面回复初始状态。样品测试完毕。

（9）记录数据为软件格式，点击"File"，在下拉菜单中点击"CSV"完成数据格式的转化。数据可用"Excel"格式的软件打开、读取和保存。

（10）关闭隔热防护板，取下样品燃烧盒，把样品燃烧盒快速放进通风橱内冷却清理，准备为下一个样品件燃烧测试用。要进行第二个样品件测试时，再重复进行以上步骤即可。

12. 关机

(1) 全部燃烧测试工作结束后，首先让锥形量热仪继续空载运行 10min 以上，再从按钮开关控制面板处，上排按钮自右往左按顺序关闭。下排按钮只关闭 "Ignition" 和 "Load Cell" 两个。

(2) 温度控制调节器上的设定温度显示，调节到 400℃，让锥形加热器的控制温度下降。待温度下降到 400℃时稍停 5～10min，再将设定温度下调到 20℃，让控制温度继续下降。当控制温度下降到设定温度时，就可以关闭锥形加热器的按钮 "Cone"。

(3) 打开排水阀门，排出积水（必须操作）。

(4) 将鼓风机的调速装置从高速向低速缓慢的转动，调至零处后关闭。关闭鼓风机后，关闭总通风装置开关。不能反向操作。

(5) 上述操作步骤逐一完成后，再关闭按钮开关控制面板处的 "Power" 按钮，即锥形量热仪的总电源开关。

五、实验数据及处理

实验结束后，可获得多组测试材料的燃烧性能参数，如采集数据时间(s)、氧浓度 OXY(%)、点燃时间 Tign(s)、数据截止时间 EOT(s)、火焰熄灭时间 Flm Out(s)、热释放速率 HRR(kW/m^2)、有效燃烧热值 EHC(MJ/kg)、质量 MASS(g)、质量损失速率 MLR(g/s)、总热释放速率 THR(MJ/m^2)、比消光面积 SEA(m^2/kg)、生烟速率 SPR(m^2/s)、烟释放速率 RSR(L/s) 等参数。

经过格式转化后的 CSV 文件可运用 Excel 或 Origin 等软件进行曲线做图。举例如图 6-8 所示。

记录包括引燃时间（s）、引燃后 180s 和 300s 内的热释放速率平均值（kW/m^2）[注：选做]、总热释放量（MJ/m^2）、样品件的初始质量和残余质量（g）、质量损失（g/s）、平均有效燃烧热（MJ/kg）等。

实验现象的观察记录；引燃现象、膨胀和溢出、流滴、迸裂、块状脱落、发烟量、成炭层等。

根据不同材料的实验现象的记录，对比所得参数曲线，分析样品的燃烧性能或阻燃性能，并进行实验总结。

六、实验注意事项

1. 做好准备工作。锥形量热仪在进行燃烧试验之前要先预热大约 1h，使氧

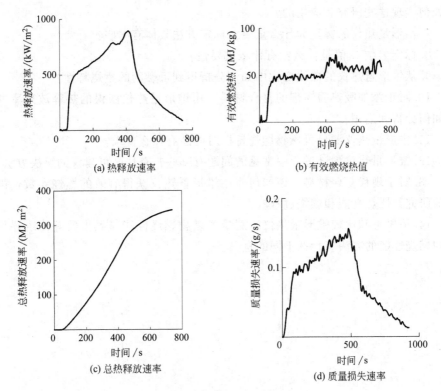

图 6-8 参数曲线示意图

分析仪、激光发生器、流速等处于稳定状态方可进行试验。

2. 试验被测材料样品之前，重要的是要进行标定，包括计算热释放速率用到的 C 参数值、记录质量损失的装置、测量烟密度的激光测试系统等。

3. 测试过程中，随时观察记录任何与实验有关现象，如熔融、发泡、收缩等行为，以及闪火等现象。

4. 测试过程中要时刻注意样品气体流速，一定要保持在标准的流速下，否则热释放速率将不准确。

七、思考题

1. 什么是耗氧原理？锥形量热仪的测试原理又是什么？
2. 锥形量热仪测试过程中都有哪些注意点？
3. 如何选择适合的锥形量热仪的辐射热流强度？
4. 锥形量热仪测试的实验参数有哪些？
5. 锥形量热仪测试的烟参数有哪些？与静态测烟法有什么不同？
6. 在可燃物尤其是现代火灾中常见的聚合物燃烧特性的研究中，锥形量热仪是如何实现这些研究和应用的？

7. 锥形量热仪的标定为什么重要？标定方法具体有哪些？

8. 标定参数 C 值是什么？有什么重要性？

9. 从锥形量热仪的曲线变化中如何分析得到可燃物的燃烧特性？

10. 对于添加吸热阻燃剂的复合材料，用锥形量热仪获得的热释放速率曲线该如何分析和运用？

11. 锥形量热仪测量可燃物燃烧特性对样品有什么要求？

12. 锥形量热仪测试过程中常见的问题有哪些？有什么可建议的解决方法？

13. 对于现代复合材料，该如何应用锥形量热仪获得有效的燃烧参数，以更好地研究其燃烧性能和燃烧过程？

14. 请思考和比较锥形量热仪法测量可燃物燃烧性能与氧指数等传统评价可燃物燃烧性能的方法有什么不同的意义。

第七章
传统的阻燃测试实验

第一节 传统阻燃测试实验概述

传统的阻燃测试实验方法种类繁多，除了国家标准化组织（ISO）制定的统一标准外，各国都有自己的实验方法和标准，各行业也有各自的试样方法和标准。世界各国已经开发制定的燃烧实验方法和标准超过 70 余项，从微尺度、小尺度一直延伸到大尺度。大尺度实验虽然更接近真实火灾，但费时且耗资巨大，因此使用最为广泛的还是小尺度实验。其中，氧指数测定方法和 UL94 测试方法被广泛用于阻燃产品的质量控制和阻燃配方的筛选。并据最新研究表明，能够与锥形量热仪、微型量热仪等的实验结果有一定的关联性。

氧指数法（oxygen index，OI）是 1966 年 C. P. Fenimore 和 J. J. Martin 在评价塑料和纺织材料燃烧性能的基础上提出来的一种方法。其燃烧结果重现性较好，以数字结果评价燃烧性能，使用简便。广泛用于评价材料的燃烧性能和阻燃性能，实验标准包括国家标准化组织的 ISO 4589、美国的 ASTM D 2863、英国的 BS2782 Part1-141、日本的 JIS K 7201 等。

UL94 法是国际上常用的一种评价材料燃烧性能的实验方法。很多国家和组织都根据 UL94 的规定制定了本国或本组织的相同或相似的实验方法和标准，如 ISO 1202 和 GB/T 2408—2008。UL94 在国际上有很高的权威性，得到全世界的普遍认可。在阻燃塑料产品的国际贸易中，一般要求达到 UL94 的相关评价标准，至今如此。

已有研究证明 UL94 实验等级与锥形量热仪实验结果尤其是零辐射功率热释放速率 HRR_0 有一定的相关性。将热释放速率对辐射功率作图可以近似得到线性关系，外推即可得到 HRR_0。HRR_0 被认为是从锥形量热仪实验得到的材料的固有燃烧属性，其值越小，材料为 V0 级的概率越大。典型的关联关系包括：当 $AHRR_0 > 100\ kW/m^2$ 时，材料为 HB 级；当 $AHRR_0 < 100kW/m^2$ 时，材料为 V0 级。此外，研究还发现峰值热释放速率 PHRR（60s）平均热释放速率 $avgHRR_{60}$ 和 FIGRA（$=PHRR/t_{ig}$）也与 UL94 实验结果存在关联关系，且 $avgHRR_{60}$ 与 UL94 的关联性低于 PHRR 或 HRR_0。

一些研究表明微型量热仪（MCC）测得的材料固有燃烧性能参数 HRC 与 UL94 等级之间存在定量的关联。典型的关联关系包括：当 $HRC > 400J/(g \cdot K)$ 时，材料为 HB 级；当 $HRC = 200 \sim 400J/(g \cdot K)$ 时，材料具有自熄性，可能为 V0/V1 级；当 $HRC < 200J/(g \cdot K)$ 时，材料不易点燃，通常为 V0 级。该关联性尽管对 V0 和 HB 级区分较好，但是难于区分 V1 和 V2 级，因为微型量热仪实验中不考虑熔体滴落。

UL94 与 LOI 实验都是在明火引燃后材料自由燃烧的情形，且都被认为可以反映材料燃烧的自熄性和火蔓延临界条件。材料的 UL94 等级与 LOI 值之间也存在一定的关联性。大体趋势是材料的 LOI 值越大其 UL94 等级越高。一些实验数据表明 LOI 值大于 27 时材料一般不会低于 HB 级。但是该关联关系只能涵盖部分聚合物及阻燃体系，一些聚合物材料氧指数大于 30 却仍属于 HB 级。总的来说二者关联性较弱。实际使用中各自测定结果进行分析较好。

第二节 可燃固体材料的氧指数测定实验

一、实验目的

1. 明确氧指数的定义及其用于评价固体材料相对燃烧性的原理。
2. 了解 HC-2 型和 JF-3 型氧指数测定仪的结构和工作原理。
3. 掌握运用 HC-2 型和 JF-3 型氧指数测定仪测定常见材料氧指数的基本方法。
4. 能够运用氧指数法评价某些材料的燃烧性能。

二、实验原理

1. 氧指数的定义

氧指数（oxygen index），是指在规定的实验条件下，试样在氧-氮混合气体中，维持平稳燃烧（即进行有焰燃烧）所需的最低氧气浓度。实验判定中以氧所占的体积分数的数值表示（即在该物质引燃后，能保持燃烧 50mm 长或燃烧时间 3min 时所需要的氧-氮混合气体中最低氧的体积分数）。

$$OI = \frac{[O_2]}{[N_2]+[O_2]} \times 100\%$$

式中，$[O_2]$、$[N_2]$ 分别为氧气和氮气的体积流量。

氧指数作为判断材料在空气中与火焰接触时燃烧的难易程度非常有效。一般认为，$OI<27$ 的属易燃材料，$27 \leqslant OI<32$ 的属可燃材料，$OI \geqslant 32$ 的属难燃材料。

2. 氧指数的测定

氧指数的测试方法，就是把一定尺寸的试样用试样夹垂直夹持于玻璃燃烧筒内，其中有按一定比例混合的向上流动的氧氮气流。点着试样的上端，观察随后的燃烧现象，记录持续燃烧时间或燃烧过的距离，试样的燃烧时间超过 3min 或火焰前沿超过 50mm 标线时，就降低氧浓度，试样的燃烧时间不足 3min 或火焰前沿不到标线时，就增加氧浓度，如此反复操作，从上下两侧逐渐接近规定值，至两者的浓度差小于 0.5%。

三、实验仪器与试样

1. 氧指数仪

目前常用的氧指数仪有 HC-2 型和 JF-3 型。主要由玻璃燃烧筒、试样夹、流量控制系统及点火器组成。HC-2 型需人为计算氧指数值，JF-3 型为自动显示氧指数值。如图 7-1 所示。

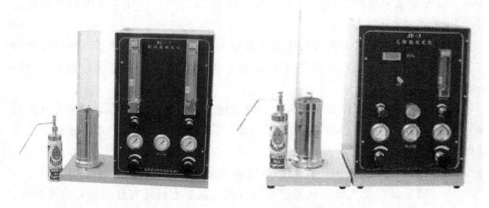

图 7-1　HC-2 型和 JF-3 型氧指数仪

燃烧筒为一耐热玻璃管，筒的下端插在燃烧柱基座上，基座内填充一定高度的玻璃珠，玻璃珠上放置一金属网，用于遮挡燃烧滴落物。试样夹为金属弹簧片。样品夹具有两种，一种用于自支撑材料，如塑料棒、片等，另一种用于难以自支撑的薄片材料、柔软材料，如薄膜、纺织物等。流量控制系统由压力表、稳压阀、调节阀、转子流量计及管路组成。点火器火焰长度可调，实验时火焰长度为10mm。环境气源由氧气瓶和氮气瓶提供，使用的压力不应低于0.3MPa。点火器是一根带弯的金属管，其末端具有内径为2mm的喷嘴，能深入燃烧管内点燃样品。点火器用的燃料气体标准气体为未混空气的丙烷气，一般也可采用丁烷气、石油液化气、天然气。

2. 实验材料及准备

材料：可选木材、聚合物棒、片等。

试样尺寸：一般能够自支撑的样品尺寸为长80～150mm，宽10mm，厚度4～10mm；非自支撑的样品尺寸为长140mm，宽52mm，厚度小于10.5mm；标准试样长宽高为120mm×（6.5±0.5）mm×（3.0±0.5）mm。

试样数量：每组应制备3～5个标准试样。

外观要求：试样表面清洁、平整光滑，无影响燃烧行为的缺陷，如：气泡、裂纹、飞边、毛刺等。

试样的标线：距离点燃端50mm处划一条刻线。

四、实验步骤

1. 检查气路，确定各部分连接无误，无漏气现象。

2. 确定实验开始时的氧浓度：根据经验或试样在空气中点燃的情况，估计开始实验时的氧浓度。如试样在空气中迅速燃烧，则开始实验时的氧浓度为18%左右；如在空气中缓慢燃烧或时断时续，则为21%左右；在空气中离开点火源即马上熄灭，则至少为25%。

3. 氧浓度确定后，在混合气体的总流量为10 L/min 的条件下，便可确定氧气、氮气的流量。例如，若氧浓度为26%，则氧气、氮气的流量分别为2.5L/min 和7.5 L/min。

4. 安装试样：将试样夹在夹具上，垂直地安装在燃烧筒的中心位置上（注意要划50mm标线），保证试样顶端低于燃烧筒顶端至少100mm，罩上燃烧筒（注意燃烧筒要轻拿轻放）。

5. 通气并调节流量：开启氧、氮气钢瓶阀门，调节减压阀压力为0.2～0.3MPa，然后开启氮气和氧气管道阀门（在仪器后面标注有红线的管路为氧气，另一路则为氮气，应注意：先开氮气，后开氧气，且阀门不宜开得过大），然后调节稳压阀，仪器压力表指示压力为（0.1±0.01）MPa，并保持该压力（禁止使用过高气压）。调节流量调节阀，通过转子流量计读取数据（应读取浮子上沿所对应的刻度），得到稳定流速的氧、氮气流。应注意：在调节氧气、氮气浓度后，必须用调节好流量的氧氮混合气流冲洗燃烧筒至少 30s（用以排出燃烧筒内的空气）。

6. 点燃试样：用点火器从试样的顶部中间点燃，勿使火焰碰到试样的棱边和侧表面。在确认试样顶端全部着火后，立即移去点火器，开始计时或观察试样烧掉的长度。点燃试样时，火焰作用的时间最长为 30s，若在 30s 内不能点燃，则应增大氧浓度，继续点燃，直至 30s 内点燃为止。

7. 确定临界氧浓度的大致范围：点燃试样后，立即开始计时，观察试样的燃烧长度及燃烧行为。若燃烧终止，但在 1s 内又自发再燃，则继续观察和计时。如果试样的燃烧时间超过 3min，或燃烧长度超过 50mm（满足其中之一），说明氧的浓度太高，必须降低，此时记录实验现象记"×"，如试样燃烧在 3min 和 50mm 之前熄灭，说明氧的浓度太低，需提高氧浓度，此时记录实验现象记"O"。如此在氧的体积分数的整数位上寻找这样相邻的四个点，要求这四个点处的燃烧现象为"OO××"。例如若氧浓度为 26% 时，超过 50mm 的刻度线，则氧过量，记为"×"，下一步调低氧浓度，在 25% 做第二次，判断是否为氧过量，直到找到相邻的四个点为氧不足、氧不足、氧过量、氧过量，此范围即为所确定的临界氧浓度的大致范围。

8. 在上述测试范围内，缩小步长，从低到高，氧浓度每升高 0.4% 重复一次以上测试，观察现象，并记录。

9. 根据上述测试结果确定氧指数 OI。

五、实验数据记录与处理

1. 实验现象记录

见表 7-1。

表 7-1 实验现象记录表

样品名称/编号	样品描述	燃烧现象	结果判断/原因解释

2. 实验数据记录

见表 7-2。

表 7-2　实验数据记录表

实验次数					
氧浓度/%					
氮浓度/%					
燃烧时间/s					
燃烧长度/mm					
燃烧现象					
点燃时间/s					
燃烧结果					

说明:第二、三行记录的分别是氧气和氮气的体积分数(需将流量计读出的流量计算为体积分数后再填入)。第四、五行记录的燃烧长度和时间分别为:若氧过量(即烧过 50mm 的标线),则记录烧到 50mm 所用的时间;若氧不足,则记录实际熄灭的时间和实际烧掉的长度。第六行的结果即判断氧是否过量,氧过量记"×",氧不足记"O"。

3. 数据处理

根据上述实验数据计算试样的氧指数值 OI,即取氧不足的最大氧浓度值和氧过量的最小氧浓度值两组数据计算平均值。

$$OI = \frac{[O_2]}{[N_2]+[O_2]} \times 100\%$$

材料性能评价:根据氧指数值评价材料的燃烧性能。

六、实验注意事项

1. 试样制作要精细、准确,表面平整、光滑。

2. 氧、氮气流量调节要缓慢,先通氮气数值显示 100%后,再通氧气。切记:氧、氮混合气体的总流量保持在 10L/min,氧、氮的输出表压显示为 0.1MPa 的刻度。

3. 操作时禁止使用过高气压,以防损坏设备。

4. 流量计、玻璃筒为易碎品,实验中谨防打碎。

七、思考题

1. 什么叫氧指数值?如何用氧指数值评价材料的燃烧性能?

2. HC-2 型和 JF-3 型氧指数测定仪适用于哪些材料性能的测定?如何提高实验数据的测试精度?

第三节 可燃固体材料水平燃烧阻燃特性测试

一、实验目的

1. 明确水平垂直燃烧测定仪用于评价材料水平燃烧的原理。
2. 了解水平燃烧测定仪的结构和工作原理。
3. 掌握运用水平燃烧测定仪测定的基本方法。
4. 掌握水平燃烧法评价材料的燃烧性能并分级。

二、实验原理

1. UL94 评级标准

UL94 水平燃烧试验法是用于评价材料是否达到 94HB 级。主要通过材料在水平状态下燃烧速度的大小来判定材料的燃烧性能或阻燃性能。水平垂直实验是在实验室内对水平和垂直方向放置的用小火焰点火源点燃后,测定试样的燃烧速度(水平)、有焰燃烧和无焰燃烧时间(垂直),根据燃烧速度大小、燃烧时间长短来评价材料的燃烧性能及等级。

对厚度为 3.05～12.7mm 的试样,如燃烧速度小于 38.1mm/min;对试样厚度小于 3.05mm,燃烧速度不大于 76.2mm/min;或火焰在 100mm 标线之前熄灭,可将其定为 94HB 级材料。

2. GB/T 2408—2008 评级标准

材料的燃烧性能,按点燃后的燃烧行为,可分为下列四级(符号 FH 表示水平燃烧):

FH-1:移开点火源后,火焰即灭或燃烧前沿未达到 25mm 标线。

FH-2:移动点火源后,燃烧前沿越过 25mm 标线,但未达到 100mm 标线。在 FH-2 级中,烧损长度应写进分级标志,如 FH-2-70mm。

FH-3:移开点火源后,燃烧前沿越过 100mm 标线,对于厚度在 3～13mm 的试样,其燃烧速度不大于 40mm/min;对于厚度小于 3mm 的试样,燃烧速度不大于 75mm/min。在 FH-3 级中,线性燃烧速度应写进分级标志,如 FH-3-30mm/min。

FH-4:除线性燃烧速度大于规定值外,其余与 FH-3 级相同。其燃烧速度也应写进分级标志,如 FH-4-60mm/min。

如果被试材料的三根试样分级标志数字不完全一致,则应报告其中数字最高的类级,作为该材料的分级标志。

三、实验仪器和试样

水平燃烧试验的装置有一个燃烧室，可以控制温度和湿度，内置一个支架、样品夹具和点燃样品用的喷灯，如图 7-2 所示。喷灯为本生灯，点燃分为高、低能量两种形式，以火焰高度调节，高度为 20～25mm 时为低能量，约 125mm 为高能量。

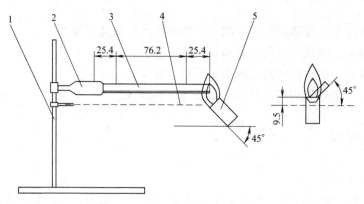

图 7-2　水平燃烧试验的仪器示意图
1—支架；2—夹具；3—试样；4—金属丝网；5—点燃器

试样要求：
(1) 材料：聚合物压延片、木片。
(2) 试样尺寸：长（125±5）mm，宽（13.0±0.3）mm，厚（3.0±0.2）mm，经有关各方协商，也可采用其他厚度。但最大厚度不应超过 13mm，并应在实验报告中注明。
(3) 试样数量：每组应制备 3～5 个标准试样。
(4) 外观要求：试样表面清洁、平整光滑，无影响燃烧行为的缺陷，如：气泡、裂纹、飞边、毛刺等。

四、实验步骤

1. 试样准备与安装

(1) 试样准备：实验前，从试样的点燃端沿试样长度的 25mm 和 100mm 处，与试样长轴垂直，各划一条标线。
(2) 试样安装：用夹具夹紧试样远离 25mm 标线的一端，使其长轴呈水平，横截面轴线与水平方向呈 45°。在试样下部约 300mm 处放一个水盘。
(3) 安装试样时，如果其自由端下垂，则将支承架支撑在试样下面，试样自由端应伸出支承架 20mm。支承架的夹持端应有足够间隙，使支承架能沿试样长轴方向朝两边自由移动。随着火焰沿试样向夹持端方向蔓延，支承架应以同样速度后撤。

2. 点燃本生灯

在离试样约 150mm 的地方点燃本生灯，经调节确保本生灯产生（20±2）mm 高的蓝色火焰。

3. 点燃试样

（1）将火焰移到试样自由端较低的边上，使灯管中心轴线与试样长轴方向底边处于同一铅直平面内，并向试样端部倾斜，与水平方向约成 45°，调整本生灯位置，使试样自由端（6±1）mm 长度承受火焰，并开始记录施焰时间。

（2）保持本生灯位置不变，对试样施加火焰 30s，撤去本生灯。如果施焰时间不足 30s，火焰前沿已达到 25mm 标线时，应立即移开本生灯，停止施焰。

（3）停止施焰后，若试样继续燃烧（包括有焰燃烧或无焰燃烧），则应记录燃烧前沿从 25mm 标线到燃烧终止时的燃烧时间 t（单位 s），并记录从 25 mm 标线到燃烧终止端的烧损长度 L（单位 mm）。

注：如果燃烧前沿越过 100mm 标线，则记录从 25mm 标线至 100mm 标线间燃烧所需时间 t，此时烧损长度 L 为 75mm；如果移开点火源后，火焰即灭或燃烧前沿未达到 25mm 标线，则不计燃烧时间、烧损长度和线性燃烧速度。

4. 重复测试

重复上述步骤，测试三根试样。以燃烧速度最大，燃烧长度最长的试样作为评定标准。

5. CZF-3 型水平垂直燃烧测定仪的操作（水平试验）

（1）点燃本生灯，调节火焰，本生灯倾斜 45°。

（2）开电源，依次按下：复位、返回、清零，显示初始状态 P。

（3）按选择：显示"——F?"（用水平法吗?）按运行显示 A、dH；水平法的指示灯亮，表示选择水平法，进行第一个试样实验，装上试样。

（4）试样准备完成后，按运行将本生灯移至试样一端，对试样施加火焰。显示 A、SYXXX、X，表示正在施加火焰，并以倒计数的方式显示施焰的剩余时间，此时可能出现以下两种情况。

① 当施焰时间剩余 3s 时，蜂鸣器响，提醒实验者准备下一步操作。施焰时间结束后，本生灯自动退回，显示 A、d-b?（火焰前沿到第一标线了吗?）此时可能有以下两种选择。

a. 火焰未燃到第一标线即熄灭，按计时控制，立即再按计时控制，显示 b、dH，表明 A 试样符合最好的标准。

b. 火焰前沿燃到第一标线时，按计时控制，显示 A、XXX、X，开始计时；两种选择：

(a) 火焰前沿燃至第二标线，按 计时控制 ，显示 b、dH；计时停止。此时实验者应记录实际燃烧长度为 75mm，以便于计算燃烧速度。

(b) 火焰在燃烧途中熄灭，按 计时控制 ，显示 b、dH，计时停止。此时实验者记录实际燃烧长度。

② 施加火焰时间未到 30s，火焰前沿已燃到第一标线，按 退火 ，本生灯退回，"＜30s"灯亮，时间计数器开始自动计数，显示 A、XXX、X，以上出现的两种分别用"（a）"和"（b）"步骤。

(5) 当完成 A 试样测试后需要继续做 B 试样实验时，请安装试样并点火，重复操作。

(6) 当一组实验结束后，仪器显示 END，这时可用 读出 连续读出各试样的实验参数。

注意：

① 在每一个试样实验完毕后，如需读出实验数据，可依次按 读出 ，显示第某个试样的数据，直至显示 dc-End，表明可读的信息读出过程中，如"＜30s"指示灯亮，表明试样的施焰时间小于 30s。

② 在各试样实验参数读出并加以记录之前，禁止按 清零 键，以免数据丢失。

五、实验数据及处理

1. 实验数据记录

见表 7-3。

表 7-3 实验数据记录表

水平实验						
实验次数		1	2	3	4	5
施焰时间=30s	火焰前沿燃到第一标线					
	火焰前沿燃到第二标线					
	实际燃烧长度/mm					
	燃烧时间/s					
	燃烧速度/(mm/min)					
施焰时间＜30s,已经燃到第一标线						
其他实验记录						

说明：第三、四、七行记录指燃烧是否达到标线，未达到的记"×"，达到的记"O"。

2. 数据处理

根据上述实验数据计算试样的平均值。

每根试样的线性燃烧速度 v（mm/min）计算公式如下：

$$v = \frac{60L}{t}$$

式中，v 为线性燃烧速度，mm/min；L 为烧损长度，mm；t 为烧损 L 长度所用的时间，s。

注：线性燃烧速度的国际单位是 m/s，实际使用的单位为 mm/min。

计算三根试样线性燃烧速度的算术平均值。

3. 材料性能评价

根据结果评价材料的燃烧性能。

六、实验注意事项

1. 实验前试样务必标上刻度线。
2. 试样制备应大小均一，尺寸不可误差太大。
3. 实验中务必认真仔细观察燃烧现象，正确判定材料的燃烧长度，确保得到正确的燃烧速度。

七、思考题

1. 水平燃烧试验的测试步骤有哪些？
2. UL94 水平燃烧试验法评级标准是什么？
3. UL94 和 GB/T 2408—2008 有何异同？

第四节　可燃固体材料垂直燃烧阻燃特性测试

一、实验目的

1. 掌握 UL94 垂直燃烧试验法的评级标准。
2. 了解垂直燃烧测定仪的结构和工作原理。
3. 掌握 UL94 垂直燃烧测定的基本方法。
4. 能够运用 UL94 垂直燃烧试验法评价材料的燃烧性能。

二、实验原理

UL94 法是国际上常用的一种评价材料燃烧性能的试验方法。很多国家和组织都根据 UL94 的规定制定了本国或本组织的相同或相似的试验方法和标准,如 ISO 1202 和 GB/T 2408—2008。UL94 在国际上有很高的权威性,得到全世界的普遍认可。在阻燃塑料产品的国际贸易中,一般要求达到 UL94 的相关评价标准,至今如此。

材料垂直燃烧性能,一般用 UL94 垂直燃烧试验来评级。是在实验室内对垂直方向放置的用小火焰点火源点燃后,测定试样的有焰燃烧和无焰燃烧时间,根据燃烧时间长短来评价材料的燃烧性能及等级。

三、实验仪器和试样

垂直燃烧试验装置由燃烧室、样品支架、夹具、点火器等组成,示意图如图 7-3 所示。图 7-4 为 CZF-3 型水平垂直燃烧测定仪。

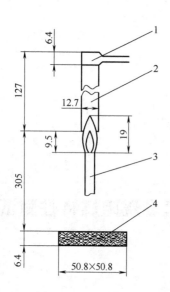

图 7-3 垂直燃烧试验的仪器示意图
1—夹具;2—试样;3—点燃器;4—医用脱脂棉

图 7-4 CZF-3 型水平垂直燃烧测定仪

(1) 材料:聚合物压延片、木片。

(2) 试样尺寸:长(125±5)mm,宽(13.0±0.3)mm,厚(3.0±0.2)mm。最大厚度不应超过 13mm,并应在实验报告中注明。

（3）试样数量：每组应制备 3～5 个标准试样。

（4）外观要求：试样表面清洁、平整光滑，无影响燃烧行为的缺陷，如气泡、裂纹、飞边、毛刺等。

四、实验步骤

1. 试样安装

用环形支架上的夹具夹住试样上端 6mm，使试样长轴保持铅直，并使试样下端距水平铺置的干燥医用脱脂棉层距离约为 300mm。撕薄的脱脂棉层尺寸为 50mm×50 mm，其最大未压缩厚度为 6mm。

2. 点燃本生灯

点燃本生灯，经调节确保本生灯产生（20±2）mm 高的蓝色火焰。

3. 点燃试样

（1）将本生灯火焰对准试样下端面中心，并使本生灯管顶面中心与试样下端面距离 H 保持为 10mm，点燃试样 10s。必要时，可随试样长度或位置的变化来移动本生灯，以使 H 保持为 10mm（使用固定在本生灯上的指示标尺可有助于保持本生灯顶部与试样下端部距离为 10mm）。

（2）如果在施加火焰过程中，试样有熔融物或燃烧物滴落，则将本生灯在试样宽度方向一侧倾斜 45°，并从试样下方后退足够距离，以防滴落物进入灯管中，同时保持试样残留部分与本生灯管顶面中心距离仍为 10mm，呈线状的熔融物可忽略不计。

（3）对试样施加火焰 10s 后，立即把本生灯撤到离试样至少 150mm 处，同时用计时装置测定试样的有焰燃烧时间 t_1。

（4）试样有焰燃烧停止后，立即按上述方法再次施焰 10s，并需保持试样余下部分与本生灯口相距 10mm。施焰完毕，立即撤离本生灯，同时启动计时装置测定试样的有焰燃烧时间 t_2，和无焰燃烧时间 t_3。此外还要记录是否有滴落物及滴落物是否引燃了脱脂棉。

4. 重复上述步骤，测试五根试样

5. CZF-3 型水平垂直燃烧测定仪的操作（垂直试验）

（1）用垂直夹具夹住试样一端，将本生灯移动至试样底边中部，调节试样高度，使试样下端与灯管标尺平齐。点着本生灯并调节使之产生（20±2）mm 高的蓝色火焰。

（2）开电源，依次按下：复位、返回、清零，显示初始状态 P。

（3）按选择：显示"——F?"（用水平法吗？）再按选择，显示 11F-10—?

（用施焰时间为10s的垂直吗？）按 运行 显示 A、dH；垂直法的指示灯亮，表示选择垂直法，进行第一个试样实验，装上试样。

（4）试样准备完成后，按 运行 将本生灯移至试样下端，对试样施加火焰。显示 A、SYXXX、X，表示正在施加火焰，并以倒计数的方式显示实验的剩余时间，当实验时间还剩 3s 时，蜂鸣器响，提醒实验者准备下一步操作。施焰时间结束（10s）后，本生灯自动退回，"有焰燃烧"指示灯亮，显示信息为 AXX、XXXX、X，中间 2、3、4 三个数码管表示本次有焰燃烧的时间，右边 5、6、7、8 四个数码管表示逐次有焰燃烧的累计时间。

（5）当有焰燃烧结束时，按 计时控制 ，显示 A、Dh，按 运行 开始本次实验的第二次施焰，显示 A、SYXXX、X，同样，实验时间还剩 3s 时蜂鸣器响，施焰时间结束（10s）后，本生灯自动退回，"有焰燃烧"指示灯亮，显示信息为 AXX、XXXX、X，中间 2、3、4 三个数码管表示第二次有焰燃烧的时间，右边 5、6、7、8 四个数码管表示逐次有焰燃烧的累计时间。

（6）当有焰燃烧结束时，按 计时控制 ，显示 b、dH，若无无焰燃烧，则试样实验结束。

（7）若有无焰燃烧，则无焰燃烧结束时按 计时控制 。

（8）重复各步骤，直至一组试样结束。

注意：

① 实验中，若有滴落物引燃脱脂棉的现象，按 退火 ，仪器显示 X、dH，该试样停止实验。该试样定级为 94V-2。

② 在施焰时间内，若出现火焰蔓延至夹具，按 不合格 ，实验结束。

（9）实验后，按 读出 记录数据。先显示的是与第一数码管所对应的实验次数的第一次施焰后的有焰燃烧时间，再按 读出 ，则显示第二次施焰的有焰燃烧时间，第三次按 读出 ，则显示第二次施焰的无焰燃烧时间，直至显示 dc-end，表示全部读完。若有蔓延到夹具的现象时，读出显示"X、bHg"；如有滴落物引燃脱脂棉现象，显示信息为"X92V-2"。

五、实验数据记录与结果处理

1. 实验数据记录

见表 7-4。

表 7-4 实验数据记录表

垂直实验						
实验次数		1	2	3	4	5
第一次施焰	有焰燃烧时间 t_1					
第二次施焰	有焰燃烧时间 t_2					
	无焰燃烧时间					
	总有焰燃烧时间 t_f					
火焰蔓延到夹具						
滴落物引燃脱脂棉						
其他实验记录						

说明:第六、七行记录未出现所属现象的记"×",出现的记"√"。

2. 数据处理

根据上述实验数据计算试样的平均值。

3. 材料性能评价

根据结果评价材料的燃烧性能。

六、实验注意事项

1. 试样制作要精细、准确、表面平整、光滑。

2. 注意读试样参数时,禁止按 清零 避免数据丢失。读实验数据,可依次按 读出 ,显示第某个试样的数据,直至显示 dc-end。

七、思考题

1. UL94 垂直燃烧试验分级标准有哪些?
2. 垂直燃烧试验中有哪些注意事项?

第八章
防护材料的阻燃实验

第一节 建筑材料与阻燃

危险品生产和贮存建筑物危险等级的划分、防火要求和防火设计都是依据建筑物内所制造、加工或贮存危险品的燃烧爆炸特性和发生事故的破坏能力,并考虑加工方法、工艺防护措施和建筑物本身的抗爆泄爆措施等因素。危险品生产建筑物的耐火能力对限制火灾蔓延扩大和及时扑救、减小火灾损失具有重要的意义。建筑耐火等级是由建筑物件的燃烧性能和最低耐火极限决定的,是衡量建筑物耐火程度的标准。

建筑材料的高温性能与建筑物的耐火等级有着密切的关系。常见建筑材料有木材、钢材、混凝土和钢筋混凝土、塑料、玻璃等。除了为克服一般玻璃在高温下耐火性能较差且易破碎等问题,而采用防火玻璃如夹丝玻璃、复合防火玻璃等改善玻璃性能外,建筑材料中木材、钢材、混凝土和聚合物等这些易燃材料的阻燃问题,目前多采用使用防火涂料的措施解决。与从本质安全着手对聚合物进行化学阻燃设计的高难度,与木材、钢材和混凝土的化学阻燃技术难度太大相比,防火涂料的使用简便且效能高,成本也比从物质化学结构进行阻燃设计低很多,可行性、操作性、灵活性强。

在我国建筑防火设计中,结构的防火保护主要采用防火涂料与防火板进行防火保护。防火涂料是一种特种涂料,用于不燃烧构件可降低基材温度的上升速度,推迟失稳过程;用于可燃基材时能延迟或消除引燃过程。故世界各国研究者一直致力于研究防火涂料这种阻燃材料,并对该类防火涂料和防护后的防火复合材料制定相应的标准和实验方法。由于卤素阻燃剂主要靠释放卤化氢达到优良的阻燃效果,但卤化氢的毒性、刺激性、腐蚀性,已经被全世界公认并逐渐淘汰,目前阻燃技术的发展主要在无卤阻燃技术和纳米复合技术。对防火涂料和复合材料阻燃性能的合理有效的评价,其实验方法和评价体系的研究以及相关标准的制定是目前研究的一个重要方向。

第二节　饰面型防火涂料阻燃特性实验（小室法）

一、实验目的

1. 明确防火涂料在建筑阻燃中的重要意义。
2. 了解小室法防火涂料测定仪的结构和工作原理。
3. 掌握防火涂料的阻燃机理及小室法测定阻燃性能的操作方法。
4. 能够根据小室法测定结果正确评价防火涂料的阻燃特性。

二、实验原理

1. 防火涂料分类

防火涂料是施用于基材表面，用以降低材料表面燃烧特性，阻滞火灾迅速蔓延，或是用于建筑构件上，用以提高构件的耐火极限的特种涂料。防火涂料是防火建筑材料中的重要组成部分。防火涂料涂覆在基材表面，除具有阻燃作用以外，还具有防锈、防水、防腐、耐磨、耐热以及涂层坚韧性、着色性、黏附性、易干性和一定的光泽等性能。防火涂料按照使用对象等可分为饰面防火涂料、隧道防火涂料、钢结构防火涂料。作为一种功能性建筑涂料，防火涂料由基料、颜料、填料和助剂等组成。非膨胀型防火涂料（也称普通防火涂料）和膨胀型（也称发泡型）防火涂料的防火助剂和防火机理是不同的。

2. 防火涂料的防火机理

防火涂料的防火机理大致可归纳为以下五点：

（1）防火涂料本身具有难燃性或不燃性，使被保护基材不直接与空气接触，延迟物体着火和减少燃烧的速度。

（2）防火涂料除本身具有难燃性或不燃性外，它还具有较低的热导率，可以延迟火焰温度向被保护基材的传递。

（3）防火涂料受热分解出不燃惰性气体，冲淡被保护物体受热分解出的可燃性气体，使之不易燃烧或燃烧速度减慢。

（4）含氮的防火涂料受热分解出NO、NH_3等基团，与有机游离基化合，中断连锁反应，降低温度。

（5）膨胀型防火涂料受热膨胀发泡，形成碳质泡沫隔热层封闭被保护的物体，延迟热量与基材的传递，阻止物体着火燃烧或因温度升高而造成的强度下降。

三、实验仪器与试样

1. 防火涂料测试仪（小室法）

防火涂料测试仪（小室法）是在实验室条件下测试涂覆于可燃基材表面防火涂料的阻火性能。以燃烧质量损失、炭化体积来评定防火涂料的优劣。图 8-1 为小室法燃烧试验箱。

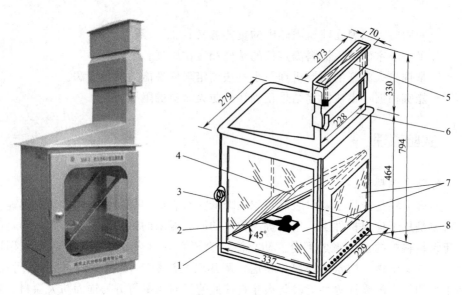

图 8-1　小室法燃烧试验箱
1—箱体；2—燃烧杯；3—门销；4—试件支架；
5—回风罩；6—烟囱；7—玻璃窗；8—进气孔

2. 试样规格及试件制备

（1）基材材料为五层胶合板制成，其尺寸为 300mm×150mm×（5±0.2）mm，试件表面应平整光滑、无节疤、拼缝或其他缺陷。

（2）用粗砂纸打磨表层后，刷去木屑，试件表面清洁后涂覆涂料。

（3）试件在涂覆防火涂料之后，应在规定的温度 23℃±2℃，相对湿度（50±5）% 的条件下状态调节至质量恒定（相隔 24h 前后两次称量变化不大于 0.5%）。

（4）按 250g/m² （不包括封边）的涂覆比值，将要测试的防火涂料均匀地涂覆于试板一表面，若需要分次涂覆时，两次之间应相隔不得小于 24h。

（5）涂覆放置 24h 后再封边，待封边干燥后放入烘箱，40℃下干燥 2h。

（6）每组实验应制备 3~10 个试件。

四、实验步骤

1. 将大型板材切割、制备成符合尺寸要求的基材样板,编号,称重空白样板重量 W_0。
2. 对实验过程进行设计,例如选择不同涂覆比,不同种类涂料等,目的是对防火涂料的防火性能进行分析,并做出评价。
3. 根据实验设计和实验条件要求,通过打磨、涂覆等工序制备基材样板(可选择一道工序、两道工序、三道工序等多种方式)。
4. 经过状态调节后,试件取出冷至室温称量 W_1。
5. 打开仪器箱门,将称过的试件放置在倾斜的支架上,涂覆面向下。
6. 将燃料杯放置在基座木条上,使杯沿到试件受火面的最近垂直距离为25mm。
7. 用移液管量取5mL化学纯无水乙醇注入燃料杯,点火、关门,实验持续到火焰自熄为止。
8. 记录燃烧后样品质量 W_2。
9. 每组重复3~5个试件。
10. 对燃烧后的试件进行观察,测量各种炭化参数并做详细记录。

五、实验数据记录与结果分析

1. 数据记录参考列表

表格并非固定模式,根据观察情况可自行对表格进行补充和完善。

基材材质	基材尺寸	涂覆层数(黏度)	试件个数	涂覆比值/(g/m²)				
试件编号	基材质量 W_0/g	涂覆涂料后质量 W_1/g	燃烧后试件质量 W_2/g	质量损失/g	炭化长度/cm	炭化宽度/cm	炭化深度	炭化体积
1								
2								
3								
4								
5								
平均值	质量损失平均值=				炭化体积平均值=			

2. 数据处理和结果分析

质量损失：将燃烧过的试件取出冷至室温，准确称量 W_2（至 0.1g），一组试件燃烧前后的平均质量损失取其小数点后一位数即为防火涂料试件的质量损失。

炭化体积：用锯子将烧过的试件沿着火焰燃烧的最大长度、最大宽度线，锯成 4 块，量出纵向、横向切口涂膜下面基材炭化（明显变黑）的长度、宽度，再量出最大炭化深度，取其平均炭化体积的整数，即为防火涂料试件的炭化体积（cm^3）。

若试件标准偏差大于其平均质量损失的（或平均炭化体积）10%，则需加做 5 个试件，其质量损失应以 10 个试件的平均值计算。

$$V = \frac{\sum_{i=1}^{n}(a_i b_i h_i)}{n}$$

式中，V 为炭化体积，cm^3；n 为试件个数；a_i 为炭化长度，cm；b_i 为炭化宽度，cm；h_i 为炭化深度，cm。

$$S = \sqrt{\sum_{i=1}^{n} \frac{(x_i - \overline{x}^2)}{n-1}}$$

式中，S 为标准偏差；x_i 为每个试件的质量损失（或炭化体积）值；$\overline{x}$ 为一组试件的质量损失（或炭化体积）平均值；n 为试件个数。

六、实验注意事项

1. 涂覆试件要厚度均匀，误差不要太大，否则可能影响测试结果的正确率。
2. 乙醇使用要特别注意溅出导致着火。
3. 基材不应选用受潮变形的板材，打磨要光滑，试件应规整。
4. 测试后的炭化板材，注意炭化程度的判定。

七、思考题

1. 涂覆工序选择一道、两道、三道对样品制备和测试有什么优劣势？
2. 防火涂料分类有哪些？
3. 饰面型防火涂料的防火机理是什么？
4. 钢结构防火涂料的防火机理是什么？

第三节 钢结构防火涂料阻燃特性实验（背温测定）

一、实验目的

1. 了解快升温模式燃烧的重要意义。
2. 了解测量经钢结构防火涂料防护的钢构件背温的意义。
3. 了解钢结构防火涂料的相关标准。
4. 掌握钢结构防火涂料的阻燃机理。

二、实验原理

目前我国建筑防火设计中，结构的防火保护主要采用防火涂料和防火板进行防火保护。国家标准 GB 14907—2002《钢结构防火涂料》中，对防火涂料的耐火性能实验只要求针对典型构件（如 I36b 或 I40b 工字钢梁）按照建筑纤维类火灾升温曲线进行实验，并把实验结果（涂层厚度和耐火性能实验时间）作为其耐火性能的体现。国内的防火设计单位在设计石油化工类场所构件防火保护时仍然采用建筑纤维类火灾曲线检验的防火保护材料。

化工场所发生的火灾基本上属于快速升温火灾即烃类火灾，火灾发生后 5min 环境温度达到 1000℃以上，此后持续较长时间的高温（如 1100~1350℃），经过建筑纤维类火灾实验条件检验的防火保护材料肯定不能满足烃类火灾环境建筑构件的防火保护要求。

我国的石油化工企业较多，其建筑仍然采用经建筑纤维类火灾实验条件检验的防火材料进行结构防火保护，这显然与实际火灾条件不相符合，存在着严重的火灾隐患，快速升温火灾场所的合理防火保护变得愈加重要，此类场所的建筑防火采用快速升温火灾检验的防火保护材料进行结构防火保护。这对保护国家和人民的生命、财产的安全具有积极的意义。

模拟快速升温火焰条件，室外钢结构防火涂料膨胀成炭后膨胀炭层温度和钢板背温的变化情况。室内厚型钢结构防火涂料为典型的构件用防火保护材料，超薄型膨胀防火涂料正在推广发展，选用典型防火涂料对钢材进行防护，通过热电偶等测试技术对钢板背温和火焰温度进行测量，通过温度数值的明显对比，深刻理解阻燃技术和安全防护的重要性。

三、实验仪器和试样

实验装置主要由钢板（厚度不小于1cm）、底座、热电偶（K型，多个）、多通道数据采集仪、手持式喷焰器等组成。钢板上钻若干小孔，可用于从板背面插入热电偶至适当位置测量钢板、试样内部或炭层的温度。喷焰装置采用带喷枪的便携灶用丁烷气瓶，其喷出的火焰温度短时间内可达到1000℃，满足烃类火灾条件下的高温要求。防火涂料选用室内厚型钢结构防火涂料或超薄型膨胀防火涂料。如图8-2所示。

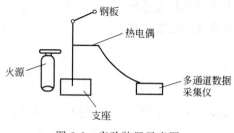

图 8-2 实验装置示意图

四、实验步骤

1. 熟悉实验流程，明确实验目的，不同小组自行微调实验条件，设计实验，书写实验计划书。

2. 基材预处理：参照国家标准 GB 14907—2002《钢结构防火涂料通用技术条件》。用砂纸等对其表面进行打磨，彻底清除锈迹后，按规定的防锈措施进行防锈处理，使之达到自然干燥状态。

3. 试件涂覆：将防火涂料充分搅拌均匀后，进行涂覆。根据涂料的施工工艺，每种涂料至少涂刷三次，表干后才能进行下一次涂刷，每次涂刷间隔为6~12h，使之达到理论层厚度，理论层厚度为$400 \sim 600 \mu m$。

4. 试件养护：试件经过多次涂刷后，使用测厚仪测量平均厚度，达到涂刷厚度要求后需要进行养护。将所用试件置于烘箱中进行养护，烘箱温度设置为40~50℃，养护时间3天。

5. 准备养护完毕的试件，放置于支座上。将一支K型热电偶从钢板背面插入小孔，深度按照实验设计要求而定。为防止热电偶脱落，可用耐火胶泥在板背面固定。K型热电偶另一端接DaqPRO数据采集仪，采集温度间隔为每秒一次。随后进行喷焰，喷焰时间为10min。

6. 参照上一步，准备另一支K型热电偶，改变深度固定好。

7. 对喷焰过程进行录像，对实验现象做详细记录。
8. 获得构件钢板背温，火焰温度，涂层温度等。
9. 实验结束，进行总结。

五、实验数据及处理

1. 绘制表格，记录数据，参考如下。

测试时间/s	0	15	30	45	60	75	90	105
1号点								
2号点								
3号点								
4号点								

测试时间/s	120	135	150	180	210	240	270	300
1号点								
2号点								
3号点								
4号点								

2. 绘制温度曲线，分析变化规律。举例如图8-3所示。

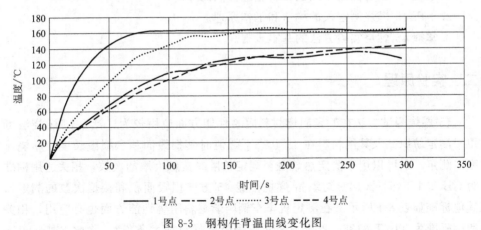

图8-3 钢构件背温曲线变化图

3. 结合录制的视频、照片和数据、曲线，综合分析不同部位温度的变化规律。

六、实验注意事项

1. 喷焰器温度很高,火焰面直冲的1m范围内不得有人,务必做好防护措施。
2. 热电偶的深度仔细确认,用防火胶固定,应采取加固措施以防实验中热电偶脱落。
3. 实验中有一定的毒性,操作人员佩戴防毒面具等,做好个人防护措施。

七、思考题

1. 钢结构防火涂料有哪些种类?
2. 测量钢结构防火构件背温的意义何在?
3. 什么是快速升温火灾过程?谈谈它的意义所在。

第四节 阻燃材料阻燃性能实验(45°法)

一、实验目的

1. 掌握45°燃烧法用于测试材料燃烧性能的原理。
2. 了解45°燃烧测定仪的构造和工作原理。
3. 掌握45°燃烧实验方法的基本步骤。

二、实验原理

45°燃烧测试方法在判定阻燃材料阻燃性能方面应用较为广泛。45°燃烧法可用于测定纺织品及其他材料在45°状态下燃烧时其损毁面积和损毁长度、燃烧速率的测定,也可以用于测定热熔融至规定长度时接触火焰的次数,相关适用标准为GB/T 14645—2014《纺织品 燃烧性能 45°方向损毁面积和接焰次数的测定》,其他标准如表8-1所示。在测定机车车辆阻燃材料阻燃性能方面也有应用,相关适用标准为TB/T 3138—2006《机车车辆阻燃材料技术条件》。除此之外,美国海军军用标准中对木材和胶合板的阻燃也做了相关规定,相关标准为NAVY QPL-19140-QPD-2013 Lumber and Plywood、Fire-Retardant Treated《木材、胶合板、阻燃处理》。

45°燃烧法规定试样45°倾斜放置（试样的长度方向与水平线成45°角），燃烧源在试样下方的上表面或下表面引燃试样（有的方法规定为上表面，有的方法则规定为下表面），测量试样向上燃烧一定距离所需的时间、或测量试样燃烧后的续燃和阻燃时间、火焰蔓延速度、炭化长度（损毁长度）、炭化面积（损毁面积）或测量试样燃烧至试样下端一定距离处需要接触火焰的次数等与阻燃性能有关的指标，并据此来评定样品的阻燃性能级别是否合格。

表8-1 45°燃烧法应用于纺织品燃烧相关测试标准

国别	标准编号	标准名称	适用范围		备注
美国	16CRF part1610	Standard for the Flammability of Clothing Textiles 《衣用纺织品易燃性标准》	适用于服装制品		
日本	JIS L1091—1999	Testing Methods for Flammability of Textiles 《纺织品易燃性测试实验》	A1法	适用于质地轻薄的纺织品	
			A2法	适用于质地厚重的织物	
中国	GB/T 14644—2014	《纺织品 燃烧性能 45°方向燃烧速率测定》	适用于服装用纺织品		与16CRF part1610测试方法一致
	GB/T 14645—2014	《纺织品 燃烧性能 45°方向损毁面积和接焰次数测定》	A法	各类纺织织物	
			B法	适用于熔融燃烧的织物	

三、实验仪器及试样制备

1. 实验仪器

本实验采用的45°燃烧测定仪（如图8-4所示），采用大口径喷灯，用于测量合板和地毯类可燃物质阻燃特性的测试。

2. 试样制备

（1）试样尺寸　300mm×200mm，厚度不大于5mm。

（2）试样状态调节

A法：将大致干燥状态的试样，在50℃±2℃的环境中干燥48h，然后放入有硅胶的干燥器内放置24h后进行施加火焰实验。

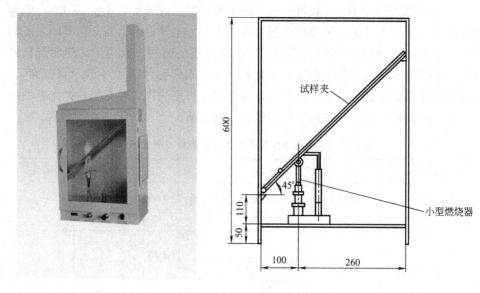

图 8-4　45°燃烧测定仪

B 法：将试样放入比试样重 20 倍以上的 50℃的温水中浸泡 30min 取出放入 50℃±2℃的环境中干燥 48h，后放入有硅胶的干燥器内放置 24h 后进行施加火焰实验。

四、实验步骤

1. 依据所分析材料的种类，对实验过程及操作进行自行设计，做出实验计划书并按步骤实施，选择多种材质的防火材料进行比较分析，最终得到评价结论和防火建议。

2. 按要求切割制备试样样板。

3. 接通仪器电源、气源，打开仪器电源开关，移出试样夹

4. 打开气源阀门和仪器上的"燃气开关"，调节"燃气调节阀（反时针）"，同时按"点火"按钮点着本生灯，调节燃气使本生灯火焰高 65mm，火焰调好后关闭"燃气开关"。

5. 将试样放入试样夹内，夹好后装入实验箱的倾斜支架上关闭箱门。

6. 可供选择施加火焰时间：30s、1min、2min。

7. 观察试样的炭化长度、残焰、残烬等，同时记录实验中的其他燃烧状态。

8. 重复测量不同种可燃材料。

9. 根据结果进行分析比较，对可燃试样进行合理的评价、评级和建议。

10. 实验结束，关闭电源、气源，仪器维护。

五、实验数据及处理

仔细观察，详细记录，保留好原始记录。包括记录实验日期、单位、人员、材料名称、厚度、厂家、难燃性级别、试样的状态调节方法、施加火焰时间、炭化长度、残焰、残烬、有无滴落物及其他燃烧状态等。

根据以下难燃性分级（表 8-2）和标准（表 8-3）对试样进行评价和分级。

表 8-2 难燃性分级

级别	炭化长度	残焰	残烬
1 级防焰	50mm 以下	没有(注)	1min 以后不存在
2 级防焰	100mm 以下	5s 以下	1min 以后不存在
3 级防焰	150mm 以下	5s 以下	1min 以后不存在

注：大体上是在 1s 以下。

炭化长度——试样加热面炭化明显的强度变化部分，在试样夹的纵长方向上测量最大长度。

残焰——加热结束时试样着火至火焰消失的明火持续燃烧时间。

残烬——试样从明火焰消失时而进入无焰燃烧状态(根据加热结束 1min 后的观察来判断；如果从表面不能观察内部无焰燃烧的材料，待加热结束后 1min 内用小刀在试样原火焰燃烧处刮约 10mm 宽的刀痕，从中进行观察)。

表 8-3 合板、地毯之阻燃实验标准

物品名称		合板	地毯等
实验法		45°大焰法	45°空气混合焰法
试体		29cm×19cm 3 片	40cm×22cm 6 片
经向数量及燃烧接触面		2片（正面、反面各一）	3片（均为表面）
纬向数量及燃烧接触面		1片（正面）	3片（均为表面）
燃烧方法	火源(火焰长度)	大焰(65mm)	空气混合焰(24 mm)
	点火时间	2min	30s
合格基准	余焰时间	10s 以下	20s 以下
	余燃时间	30s 以下	—
	炭化面积	50cm² 以下	—
	炭化距离	—	10 cm 以下
	接焰次数	—	—

六、实验注意事项

1.实验中点火器出现打不着时,不要反复点火,注意查找原因,保持通风,应关闭燃气阀,避免可燃气泄漏量达到爆炸极限,导致闪火事故。

2.实验中注意观察,如发现异常气味和声响等,必须立即停止动火作业,查找原因。

七、思考题

1.木材的阻燃处理有哪些?
2.45°燃烧法的应用有哪些?

参 考 文 献

[1] 中华人民共和国国家质量监督检验检疫总局，中国国家标准化管理委员会.GB/T 5907.1—2014 消防词汇 第1部分：通用术语 [S].北京：中国标准出版社，2014.
[2] 中华人民共和国国家质量监督检验检疫总局，中国国家标准化管理委员会.GB/T 4968—2008 火灾分类 [S].北京：中国标准出版社，2008.
[3] 中华人民共和国消防法.2008.
[4] 国际标准化组织（IX-ISO）.ISO 13943：2008Fire Safety—Vocabulary [S].2008.
[5] 张国顺.燃烧爆炸危险与安全技术 [M].北京：中国电力出版社，2003.
[6] 崔克清.安全工程燃烧爆炸理论与技术 [M].北京：中国计量出版社，2005.
[7] 杨泗霖.防火与防爆 [M].北京：首都经济贸易大学出版社，2007.
[8] 狄建华.火灾爆炸预防 [M].北京：国防工业出版社，2007.
[9] 王丽琼.防火与防爆技术基础 [M].北京：北京理工大学出版社，2009.
[10] 陈莹.工业火灾与爆炸事故预防 [M].北京：化学工业出版社，2010.
[11] 张英华，黄志安.燃烧与爆炸学 [M].北京：冶金工业出版社，2010.
[12] 赵雪娥，孟亦飞，刘秀玉.燃烧与爆炸理论 [M].北京：化学工业出版社，2011.
[13] 孙道兴.危险化学品安全技术与管理 [M].北京：中国纺织出版社，2011.
[14] 邬长城.燃烧爆炸理论基础与应用 [M].北京：化学工业出版社，2016.
[15] 潘旭海.燃烧爆炸理论与应用 [M].北京：化学工业出版社，2015.
[16] 胡双启.燃烧与爆炸 [M].北京：北京理工大学出版社，2015.
[17] 干宁，沈昊宇，贾志舰，等.现代仪器分析 [M].北京：化学工业出版社，2015.
[18] 张军，纪奎江，夏延致.聚合物燃烧与阻燃技术 [M].北京：化学工业出版社，2005.
[19] 胡源，宋磊，尤飞等.火灾科学导论 [M].北京：化学工业出版社，2007.
[20] 刘约权.现代仪器分析 [M].北京：高等教育出版社，2015.
[21] 刘金全.最新实验室主任工作实务手册 [M].石家庄：河北音像出版社，2011.
[22] 朱宝轩，刘向东.化工安全技术基础 [M].北京：化学工业出版社，2008.
[23] 朱育红，周健，叶肇敏，蓝闽波.高校化工实验室安全与环保管理措施 [J].实验技术与管理，2009，26（6）：6-8.
[24] 王敏.化工实验室的安全保证 [J].中国质量，2004，(7)：91-92.
[25] 李高艳，潘勇，蒋军成.二元有机混合液体闪点的实验研究 [J].化学工程，2013，41（1）：28-31，36.
[26] 霍明甲，黄飞，张玉霞，等.混合溶剂的闪点变化规律探析 [J].安全健康与环境，2014，14（1）：37-40.
[27] 陈莹，蒋军成，潘勇，等.混合液体火灾爆炸危险性——闪点预测与实验研究 [J].中国安全生产科学技术，2010，6（2）：8-11.
[28] 王勇，张军.UL94与聚合物三种燃烧实验的相关性 [J].高分子材料科学与工程，2012，28（6）：169-175.
[29] Liaw H J, Lee T P, Tsai J S. Binary liquid solutions exhibiting minimum flash-point behavior [J]. Journal of Loss Prevention in the Process Industries，2003，16（3）：173-186.
[30] Poor H Mohammad, Sadrameli S M. Calculation and prediction of binary mixture flash point using correlative and predictive local composition models [J]. Fluid Phase Equilibria, 2017, 440（25）：95-102.
[31] Liaw Horngjang, Tsai Tsungpin. Flash-point estimation for binary partially miscible mixtures of flammable solvents by UNIFAC group contribution methods [J]. Fluid Phase Equilibria, 2014, 375（15）：275-285.
[32] Chen Haoying, Liaw Horngjang. Study of Minimum Flash-point Behavior for Ternary Mixtures of

Flammable Solvents [J]. Procedia Engineering，2012，45：507-511.
[33] Balasubramonian S，Ravi Kant Srivastav，Shekhar Kum，et al. Flash point prediction for the binary mixture of phosphatic solvents and n-dodecane from UNIFAC group contribution model [J]. Journal of Loss Prevention in the Process Industries，2015，33：183-187.
[34] Vidal M，Rogers W J，Mannan M S. Prediction of Minimum Flash Point Behaviour for Binary Mixtures [J]. Process Safety and Environmental Protection，2006，84（1）：1-9.
[35] Liaw Horngjang，Lu Wenhung，Vincent Gerbaud，et al. Flash-point prediction for binary partially miscible mixtures of flammable solvents [J]. Journal of Hazardous Materials，2008，153（3）：1165-1175.
[36] Pan Yong，Cheng Jie，Song Xiaoya，et al. Flash points measurements and prediction for binary miscible mixtures [J]. Journal of Loss Prevention in the Process Industries，2015，34：56-64.
[37] 王良伟.钢结构防火保护材料耐火性能试验研究 [D].重庆：重庆大学，2005.
[38] 周晓勇.快速升温火灾特性及试验方法研究 [D].成都：西南交通大学，2011.
[39] 王良伟，钱建民.《钢结构防火涂料通用技术条件》标准修订要点分析 [J].消防科学与技术，2001，(2).
[40] GA/T 714—2007 构件用防火保护材料快速升温耐火试验方法 [S].公安部，2007.
[41] 张峰.典型膨胀阻燃聚合物材料燃烧过程分析与模拟研究 [D].青岛：青岛科技大学，2008.
[42] 陈中华，李崇裔.水性超薄型钢结构防火涂料的研制与性能研究 [J].涂料工业，2011，41（4）：26-30.
[43] GB 14907—2002 钢结构防火涂料 [S].四川消防科学研究所，2002.
[44] 申秉银.膨胀型防火涂料保护下钢板温升试验及温度预测模型研究 [D].长沙：中南大学，2013.
[45] Wang Junbo，Wang Guojian. Influences of montmorillonite on fire protection，water and corrosion resistance of waterborne intumescent fire retardant coating for steel structure [J]. Surface & Coatings Technology，2014，239：177-184.